大是文化

賣我多巴胺就對了！

我們買多、買貴，不需要還是照買，
都是因為多巴胺。廠商用哪些方法，
讓你的錢消失但感到幸福？

用戶行為專家
品牌成癮和大腦決策模式
實戰應用暢銷書作家
程志良──著

CONTENTS

第2章／人是如何被「對號入座」

第3章／怎麼讓人「再度光顧」

第4章／標籤就是一個鉤子

第5章／自動「腦補」的套路

第6章／在得失之間販售焦慮

第7章／中獎率低，還是要買

推薦序
商業模式的轉型，已成為必然

超業講師、Podcast「銷幫」幫主、行銷表達技術專家／解世博

儘管擔任企業銷售輔導顧問已過了十五個年頭，特別在這兩、三年內，我和我的企業客戶們，都深刻感受到了市場環境的急速變化——競爭日益激烈，每位銷售人員之間彷彿短兵相接。同時，顧客變得越來越精明，資訊透明化讓價格敏感度提高，品牌忠誠度卻明顯下降。在這樣的競爭態勢下，傳統的銷售模式已經無法滿足現今顧客的需求，我們必須從科學的角度創新商業策略，才能吸引並維繫顧客的忠誠度。

在商業或是銷售場上，不僅僅要推銷產品，更需要透過精準的數據分析、心理

學和行為科學，找到顧客的真正需求，提供量身訂製的解決方案。透過這樣的演進與發展，才能在激烈競爭中脫穎而出，成為顧客心中的首選。而本書便是能以上述方式為你帶來全新思維的佳作。

理論論證，還完全實務

在這本書的開頭，作者為我們說明「多巴胺理論」的基礎原理，並透過一對父子捕蝴蝶的故事，帶我們快速理解多巴胺（Dopamine）如何運作。當我們對多巴胺有了清晰的概念，便能進一步的探討如何透過這套心理機制，引發顧客消費行為的驅動力，進而發展或是優化更好的商業運作模式，贏得更多、更大的商機。

在拜讀此書時，作者最令我佩服的是，他不但提出多位學者關於多巴胺的理論論證，還透過親身經歷或各式案例，讓讀者能有更深的理解。不僅如此，作者更將實務上可操作的方法、步驟，條理清晰的列出，讓讀者們能舉一反三。能將複雜的心理科學，解析得如此透澈、易於理解，這絕對是經過了深入的鑽研，才有辦法如此通透。

一步步發揮多巴胺的威力

曾有位朋友對我說：「商管類的書都很難消化。」請各位讀者放心，這本書讀起來一定不會讓你覺得累。這本《賣我多巴胺就對了！》不但脈絡清晰、結構鮮明，裡面還有滿滿的「乾貨」（指涉知識性強、「有料」的工作經驗與方法），讓你看完也會不自覺的想要舉一反三。

作者在一開始就用詼諧易懂的語言，讓讀者了解多巴胺對我們每個人的影響，以及它如何運作。你會發現，搞懂了這些，就能觸發顧客行為。

而在〈人是如何被「對號入座」〉、〈怎麼讓人「再度光顧」〉、〈標籤就是一個鉤子〉這三個篇章，就能讓你不知不覺打動顧客的心、讓其再度光顧，並在他們心中贏得一席之地。俗話說「好戲在後頭」，〈自動「腦補」的套路〉、〈在得失之間販售焦慮〉、〈中獎率低，還是要買〉等篇章，談的是創造間接連結、販賣焦慮、建立隨機連結，能激發顧客更多的可能性。

更值得興奮的是，上述的每一個篇章，都能為你的商業直接加分，而在看完整本書之後，你會發現「組合拳」的威力。

《賣我多巴胺就對了！》確實是本商管類書籍，但你讀起來一定覺得有趣、有料、有收穫！

我常說，在這高度競爭的年代，結果就只有兩個：能吸引到客戶，或是客戶掉頭離開。相信這本書能讓你賺得更多的多巴胺紅利。

前言
你的快樂、欲望與期待，都因多巴胺

在商業領域裡，我們與競爭者最大的差距，來自對所經營事物認知的深淺。知名企業家張一鳴曾說過：「對事情的認知是最關鍵的，你對它的理解就是在這件事上的競爭力……要花多少錢，花誰的錢，招什麼樣的人，這個人在哪、有什麼特質；應該和什麼樣的人合作等……你對這些事物的認知越深刻，就越有競爭力。」一個人能否致富，很大程度上取決於他的競爭力；而所謂的競爭力，則來自我們在專業領域上的認知優勢。

在這個高度競爭的時代，唯有「加深」對顧客的認知，我們才能真正具備這份優勢。「加深」要深到什麼程度？就是要深入大腦，觸及顧客的生理運作機制。

因為大腦才是主宰每個人行為與認知的主人，雖然它屬於你身體的一部分，但你不見得能夠控制它。如果你認為自己是大腦的主人，那麼可以試著問問自己：

為什麼你不斷告訴自己別再滑手機，手卻不聽使喚？

為什麼你想讓自己快樂，卻總是無法做到？

為什麼你明知不該再拖延，仍舊一拖再拖？

為什麼信用卡已經透支，你還是出手買下了幾萬元的手提包？

這一切的原因就是，你不是大腦的主人，大腦才是你的主人。

當你徹底明白這些道理，就會知道，要致富就得先「研究大腦」。只要能搞定大腦，財富自然就會到你家登門造訪。

我花了十多年的時間，研究大腦如何驅動人們的消費行為。二〇一七年我創作的《成癮》一書出版，裡面寫了我對用戶行為最核心的驅動力——多巴胺的階段性研究成果，之後又相繼出版了《鎖腦行銷》、《帶感》、《自增長》（按：除《鎖腦行銷》外，皆尚未出版繁體中文版）一系列相關著作。這些作品推動著我一步步的探索和發現，用戶驅動力的本質和運行模式。時隔七年，透過這些研究與實踐，我掌握了多巴胺促使商業增長的底層邏輯。

其實，多巴胺不僅是單純的快樂分子、欲望分子、獎賞分子、預期分子，還是自我強化分子。它受到「自我強化的意志」啟動和調控，因此自我強化的意志才是啟動多巴胺的開關。整個商業社會運行的核心邏輯，都是多巴胺所驅動，數位行銷、智慧行銷、品牌行銷、價值行銷、社群行銷等，任何能刺激顧客產生消費行為的商業模式，其背後都依靠著「多巴胺驅動自我強化機制」的底層邏輯。特別是數位科技和人工智慧技術，它們必須遵循多巴胺的驅動原理，才能為商業社會帶來突破與產值。

蘋果（Apple）創辦人史蒂夫・賈伯斯（Steve Jobs）曾說過：「我們必須從使用者體驗著手，再回過頭來推出技術。」（You've got to start with the customer experience and work backward to the technology.）也就是說，無論數位經濟還是智慧科技，它們的本質仍服務於人性。如果脫離人性，只有技術，就是在空談，意義不大。只要是服務於人的技術，它的底層邏輯，就服膺於多巴胺驅動的自我強化機制。如果數位和人工智慧技術，不依循這套系統，那麼它能創造的價值就會極其有限。而多巴胺經濟，也是在數位和人工智慧技術支持的前提下，開始蓬勃發展。

在本書中，我將帶大家從新的角度去認識並駕馭多巴胺，和大家分享啟動多巴胺的開關（自我強化的意志）、三個觸發按鈕（三種「可能的自我」）、六個調控多巴胺的控制點（建立連結、強化連結、固化連結、超級連結、切斷連結、隨機連結）及三十種啟動它的方法。在本書中，我提出了「多巴胺自我強化理論」，定義了「多巴胺經濟」，並構建了「多巴胺驅動商業增長的動力模型」。

如今，在這個競爭激烈的時代裡，外部局勢讓我們看清了傳統經濟成長的侷限性。我們必須從「深入理解消費者的習性」著手，才有辦法讓品牌更好的生存下去。唯有如此，我們才知道該往哪走、怎麼走。時代不同了，如今無論你想做什麼事、如何經營你的事業，最忌諱「只看表面」，因為這意味著沒有競爭力。

因此，希望你能透過本書，掌握讓銷量有效成長的要領。

第 1 章

賣我多巴胺就對了

01 消費行為背後的推手

抖音上有個段子，內容大致如下：

「如果你想搞懂經濟，可以研究一下政治；
如果你想搞懂政治，可以研究一下歷史；
如果你想搞懂歷史，可以研究一下哲學；
如果你想搞懂哲學，可以研究一下人性。」

其實，我在二十年前就曾試圖從經濟學、哲學、社會科學中，發現什麼是獲得財富的決定性因素，而最終得出的結論就是「人性」。從那時起，我便選擇走上心理學研究的道路。

如果想要搞懂人性，你就研究一下心理；

如果想要搞懂心理，你就研究一下自我；
如果想要搞懂自我，你就研究一下大腦；
如果想要搞懂大腦，你就研究一下多巴胺。

搞懂多巴胺，你就掌握了經濟的底層邏輯，也就能夠獲得財富了。

其實，我們早已身在受多巴胺支配的經濟環境裡了。滑短影音、在直播購物、沉迷遊戲等，你一定不會想到生活中讓我們欲罷不能的那些行為，與多巴胺有多深入的關聯。其實那些行為背後真正的推手，就是多巴胺。在本書中你會看到，我們的生活是怎麼被它一點一滴控制，行為又是如何受其左右。那麼，既然多巴胺如此重要，它究竟是什樣的存在呢？

一九五七年，一位叫凱瑟琳．蒙塔古（Kathleen Montagu）的英國醫生發現了多巴胺。經過諸多生物學家和神經科學家的不懈努力，他們發現，除了食物和性能夠啟動多巴胺，金錢、遊戲、社會認同、獎勵也可以激發多巴胺，甚至意義、符號、價值、想像等抽象的理念、資訊都可以喚醒它，可以說世上絕大部分事物，都可能成為啟動多巴胺的媒介。由以上研究結果來看，這項神經傳導物質並不只會被單一、具體的事物觸發，更受到我們腦中一套複雜的演算法所左右。只要掌握了這套演算法，我們就可以製造出一座「多巴胺能量工廠」，源源不斷的驅動人們的行為與意志。

關於多巴胺的功能與運作邏輯，目前不同領域的科學家各執一詞。有的認為它與情緒有關，是快樂分子；有的認為它與欲望有關，是欲望分子；有的認為它與酬賞有關，是獎賞分子；還有人認為多巴胺與判斷有關，是預期分子。時至今日，我們對這項神經傳導物質的認知還像在拼圖，單看其中一塊沒有問題，但將各個學說湊在一起就混亂了。我們會發現這些概念互斥、矛盾，無法將其有序、合理的拼接起來。

但是，可以肯定的一點是，**多巴胺與人們的行動力和驅動力，有著密切關連**。一九五〇年代後期，瑞典科學家阿爾維德．卡爾森（Arvid Carlsson）經大量研究發現，多巴胺是大腦中非常重要的一種神經傳導物質；這些研究也發現，這項神經傳導物質影響著我們的行動力與身體活動功能。帕金森氏症（Parkinson's Disease）就是因為患者腦部某些區域無法合成多巴胺，引起的疾病。多巴胺的缺失，導致患者的行為意志降低，行動也變得遲緩。卡爾森對多巴胺的新發現，讓他獲得了二〇〇〇年的諾貝爾生理學或醫學獎（Nobel Prize in Physiology or Medicine）。另外，史丹佛大學（Stanford University）神經科學教授布萊恩·克努森（Brian Knutson）的研究，也證實了多巴胺控制的是行動，而非快樂。

神經學家透過改變小白鼠的遺傳基因，讓繁殖出的小白鼠患有先天性多巴胺缺乏症。結果，這隻小白鼠一出生就不吃、不喝、不動，沒有任何欲望。後來研究人員為牠注射了一種能夠產生多巴胺的藥物，牠變得像普通小白鼠般又吃又喝，且精力充沛，然而一旦藥效過去，就被打回原形，變回那隻沒有任何欲望的小白鼠。

許多研究都證明了，多巴胺是驅策人們行為的動力，它能讓我們產生瘋狂、欲罷不能的消費行為，甚至可以說是這個商業社會繁榮發展的推手。**如果沒有多巴胺，我們恐怕連滿足自己吃口蛋糕的欲望都無法實現**。

然而，僅僅知道多巴胺能夠驅動人們的行為遠遠不夠，我們還要認識它的運作機制，並理解這項神經傳導物質，如何驅動我們的行為。我們要掌握這套驅動行為的演算法和模型，才有辦法讓它真正的為我們所用，也才能對它進行干預，並將其成功的引入商業模式中，以達到我們的商業目標。

本書將從一個深入、新穎的角度，解析多巴胺的觸發邏輯，同時讓你掌握調控它的技巧和方法，從而解決你我在商業經營中遇上的棘手問題。

02 強化我們的渴望與衝動

「動起來」作為讓人類生存下去的重要能力，是大腦驅動我們適應環境的核心機制。所謂的動起來，不單單指涉行為層次上的行動，也包括了思維面向上的「動起來」。

在我們的大腦中，有許多神經傳導物質都與驅動人們動起來有關。其中有四種神經傳導物質最為重要，它們分別是腦內啡（Endorphins）、血清素（Serotonin）、多巴胺和催產素（Oxytocin）。

接下來，讓我說個小故事，以加深各位對這些神經傳導物質的認識，理解它們在驅動行為的機制中發揮的作用。

神經傳導物質的協作大戰

週末，一對父子在公園裡悠閒的散步。只見一隻蝴蝶從他們身邊飛過，兒子指著蝴蝶說：「好漂亮的蝴蝶呀！爸爸，抓住牠。」爸爸一看，確實是隻漂亮的蝴蝶。於是，父子緊追著牠一前一後的奔跑，上下翻飛的蝴蝶好像將父子鉤住似的，無論牠飛到哪，他們就追到哪。從產生「追蝴蝶的衝動」，到「緊追著蝴蝶」，這段過程，都是多巴胺在不斷供應他們動力。

多巴胺是如何將父子與蝴蝶黏在一起，讓他們追著不放的？答案是「可能」。多巴胺為父子製造了抓住蝴蝶的可能性，才將兩者緊緊的黏在一起。父子產生捕蝶的行為，是因為大腦釋放的多巴胺，為他們渲染了抓住蝴蝶的美好。這讓他們感覺這隻蝴蝶很漂亮，若將其放在手中好好欣賞，會是多麼美好的事，也讓父親感受到，抓住這隻蝴蝶可以讓孩子高興。圍繞抓蝴蝶感受到的美好可能，都是多巴胺為他們渲染的；若沒有它的作用，我們不會把一件普通的事情想像得如此美好。這項神經傳導物質創造的美好想像，可能會驅動他們產生捕蝶的行為；而不斷讓他們感受到抓住蝴蝶的可能，才是使他們窮追不捨的關鍵。多巴胺總是在告訴他們，只要快跑幾步、再用力一揮就能如願，持續為他們製造了蝴蝶唾手可得的錯覺。此刻他們是在追著「抓住蝴蝶的可能性」不放，而不是蝴蝶本身。

多巴胺的核心功能，是製造和渲染可能。它是讓我們看到和感受到可能的神經傳導物質。多巴胺的存在，使大腦變得活躍、積極，讓我們感受到可能性。可能性增強了渴望、衝動，提升了大腦對肌肉的控制能力，從而觸發我們的積極行動。

多巴胺之所以是讓人「感覺良好」的神經傳導物質，是因為它開啟了可能、渲染了可能，**讓我們感受到可能的情境創造出的快樂和愉悅**。

①腦內啡的加入

之後，父子倆追了半天，父親累得氣喘吁吁，便想要放棄。可是他看著蝴蝶，感覺沒抓到牠對不起兒子，便再次振作精神，繼續狂追。此刻，父親之所以能繼續堅持，是因為多巴胺邀請了自己的「好兄弟」腦內啡，加入了捕蝶大戰。

腦內啡是人們在感到痛苦、不適時，啟動的一種神經傳導物質，能夠抑制痛苦、振奮精神。我們在運動中感到疲累、想要放棄時，大腦便會釋放這項傳導物質，驅動我們堅持下去。當我們堅持完成鍛鍊任務後，愉悅感會產生。這就是腦內啡在發揮作用。多巴胺給了我們追逐、完成目標的渴望和衝動，喚醒了腦內啡來抑制不適和痛苦。兩者的完美配合，使我們能夠設定和完成目標。

②催產素的加入

在追逐的過程中，父親和兒子你追我趕，一前一後、一左一右，協力作戰，玩得不亦樂乎。其實，這時的捕蝶大戰，早已升級為一場親子遊戲，讓父與子得到了互動和交流，傳遞愛、感受愛。他們獲得的愉悅感，早就超越了抓住蝴蝶的快樂，而這是因為多巴胺又把另一位「好兄弟」催產素拉來了。

催產素大都是人與人互動時，才會被啟動，比如信任他人、擁抱、身體接觸等時機。它的存在是為了促進人與人之間的社交活動，在人際關係中扮演著極其重要的角色。人是群體動物，大部分行為都具有社會性意義。所以，催產素在人們的親社會行為（Prosocial Behavior）中發揮著重要作用，扮演了讓人們感受社會性愉悅感的角色。

記住，是多巴胺讓父親看到表達愛、傳達愛的可能，才開啟了這場親子遊戲。在遊戲中，兩人的互動讓他們釋放了大量的催產素，感受到彼此傳遞出的愛。而這其中如果沒有多巴胺製造的社會性可能——兒子因捕到蝴蝶而開心，他們恐怕都不會產生捕蝶的渴望和實際的行動。

③血清素的加入

父子倆兜兜轉轉，追著蝴蝶跑了半天。也許蝴蝶不想再逗他們玩，用力揮動翅膀飛走了，讓兩人十分失落。父親看到兒子不開心的樣子，安慰他說：「我們差一點就抓住牠了，下次我們一定會抓住牠。」在父親的安慰下，兒子的情緒平復了些許。沒過一會兒，他們就恢復了平靜。能快速恢復平靜，又要歸功於多巴胺的另一位「好兄弟」血清素的出現。

血清素是調節、穩定情緒的神經傳導素，能夠控制和調節憂鬱和焦慮情緒。它更像是穩定劑，讓我們能在亢奮、焦慮時，回到平穩、平衡的狀態。血清素濃度低時，人們會出現情緒不穩、睡眠障礙、憂鬱、注意力無法集中等症狀，所以濃度的不足，會影響我們的正常行為能力；而父子倆則是在失落的狀態下有它的加入，才得以快速恢復情緒平穩。

這看似是父子間的一場捕蝶遊戲，實則是大腦中各種神經系統發起的一場協作大戰。我們要明白的一點是，多巴胺、腦內啡、血清素、催產素這些神經傳導物質在大腦中，並不是此消彼長的關係，很多時候它們會協同發揮作用。而多巴胺在這場捕蝶大戰中，扮演了至關重要的角色，它的存在是為了製造和渲染可能，激發我們的渴望和衝動、驅動我們。

感知到「可能的自我」

再來思考一個問題。若人們在生活中無法感受或看到任何事發生的可能性，那會如何？這簡直可以說是滅頂之災。我們將寸步難行，更無法進步、超越和創造了。多巴胺是讓我們感受到和看到可能性的存在，使人燃起希望，想要變得不一樣。它之所以對人們的行為影響深遠，就是因為它與「可能」有著密切的關連。我們做的一切，都始於對未來可能性的預期。

有學者認為，多巴胺是「欲望分子」，而腦內啡、血清素、催產素則是「當下分子」。這使很多人認為「當下分子」讓我們活在當下、享受當下；而多巴胺使人不斷產生欲望，想要更多，反而不能好好生活，有負面影響。其實我想說的是，我們仍需要多巴胺創造可能性，才能夠好好過生活。想活在當下，同樣也是因為多巴胺製造的可能，令我們渴望活在當下。如果大腦中少了它對當下美好的渲染，我們同樣也不會享受當下。千萬不要認為追求未來與享受當下有本質上的區別，少了這項神經傳導物質的渲染，當下和未來就會變得沒有區別。記住，如果沒有多巴胺，一切還沒有開始就已經結束了；沒有渲染的價值和意義，恐怕不會有好壞之別或美醜之分。

那麼，接著再來思考一個問題，多巴胺為我們製造和渲染可能的目的是什麼？答案是「自我強化」。透過我十多年來對它的深入研究和實踐發現，多巴胺製造的「可能」是服務於「自我」這個對象。

它是為了讓我們感知到那個可能的自我。一旦感知到可能的自我，大腦就會認為有個真實的自我需要塑造、實現，從而驅動我們去擁抱那個可能的自我，以此來達到「自我強化」的目的。自我強化就是保護我、表達我、實現我、感受我等，讓我們能更深刻體驗到自我的行為。比如，父親之所以想要抓住蝴蝶，是他將抓住蝴蝶的可能與「自己是好爸爸」連結在一起，試圖借助此行為，強化自己是愛兒子的好爸爸；是自我強化的意志讓他的大腦不斷釋放多巴胺，從而驅動他抓蝴蝶。自我強化的意志就是啟動多巴胺的開關，也可以說，感受「自我」的意志就是那個開關。我們能簡單理解為，多巴胺在驅動我們「刷存在感」。

人們大部分的意志都是拜多巴胺所賜——認識的意志、思維的意志、記憶的意志、行動的意志等，多巴胺在其中發揮著重要的作用。而這些意志的深層動力都是自我強化。這才使得多巴胺與我們的運動控制、動機、記憶、認知、感覺、情緒等，諸多面向存在密切的關係。接下來，我們將層層深入的剖析，多巴胺如何服務於「自我」。

03

催化神經之間的連結

大腦如何進行自我強化？答案是「透過連結」。大腦是個連結機器，它就像一部手機，不停發送和接收著連結訊號。神經科醫生在人的大腦中植入電極，「監聽」神經的活動情況時，能聽到神經脈衝發出的「啵、啵、啵……」的聲音。這是神經連結時發出的脈衝信號，它時刻發生在我們的大腦中，每次發出信號就是一次神經連結。正是因為這些信號，我們的大腦才會不斷產生各種念頭和感受，一切都是由大腦中神經間的連結轉化形成。

我們之所以會產生吃蛋糕的欲望，是因為大腦中與這個想法相關的神經元產生了電化學反應——連結。這就像是一個神經元告訴另一個神經元「我想吃蛋糕」，另一個神經元再告訴下一個神經元「我想吃蛋糕」，一系列反應讓我們產生了「吃蛋糕」的念頭。

多巴胺是一種神經調節劑，它控制著大腦神經間的連結，發揮催化的作用；神經間的連結強度，很大程度也是由多巴胺所決定，在多巴胺的參與下會一起放電，大大提升連結的強度，如果沒有多巴胺的參與，強度則會降低。這也可以理解為，大腦中的神經連結得到了多巴胺的馳援，使我們大腦中吃蛋糕的閃念，被「渲染」成一種強烈的吃蛋糕的衝動。神經連結得到增強，才會驅動我們產生實際的行為——去買蛋糕、吃蛋糕。多巴胺盡其所能的催化了神經間的連結，讓吃蛋糕的想法在大腦中迅速傳開，使我們產生了吃蛋糕的衝動。我們要明白一點，如果沒有它的參與，大腦中的那些念頭和想法也許不會變得強烈，更不會轉化成實際的行為。所以，我們能吃到蛋糕，要感謝多巴胺。

神經連結被轉成想法、念頭、感受時，才能被我們意識和感知到。我們將收到的資訊稱為「認知連結」。比如，你認為紅蘋果是甜的，這就是大腦中產生了相應的神經連結，讓感知到紅與感知到甜之間存在關聯，從而讓我們產生了「紅蘋果是甜的」這樣的認知。諾貝爾經濟學獎（The Sveriges Riksbank Prize in Economic

Sciences in Memory of Alfred Nobel）得主丹尼爾・康納曼（Daniel Kahneman）認為，人類的大腦是「關聯的機器」，會無意識或有意識的為詞句、觀念、圖像、顏色等事物賦予意義和聯繫；也就是說，大腦時刻在事物之間尋找和製造關聯。神經學家研究發現，多巴胺在大腦關聯性學習（Associative Learning）中發揮著重要的作用，可以促進大腦在事物之間建立連結。也就是說它參與了連結，促進了關聯的建立。我們能在「紅」和「甜」之間建立認知連結，多巴胺功不可沒。

發生在大腦中的認知連結，也可以稱為「間接連結」。間接連結是在大腦中對各種關聯進行想像、模擬，從而體驗到與事物的連結感。就比如你想像自己使用新手機，玩遊戲時速度超快，大大提升了自己的戰鬥力。

間接連結是為了指導我們，能與這個世界建立更好的直接連結——驅動我們去體驗和感受。大腦想像自己使用新手機，玩遊戲時速度超快，戰鬥力倍增，這樣的間接連結，是為了驅動我們去購買一部新手機，直接感受它帶來的美好體驗。與手機的互動讓我們有掌握感，直接對事物進行操控、體驗、互動，這種感受到自我與事物的連結感，叫做「行為連結」或「感官連結」。行為連結是指涉我們身處其中、用身體直接與事物互動產生的連接。

研究顯示，我們在玩遊戲的時候得到他人的認同，或者吃美食、喝美酒等，都會啟動大腦中的多巴胺。在行為連結中，它的參與提升了我們對事物的好感度。也就是說，**很多時候我們在體驗中感受到的美好，是由多巴胺渲染的，並非事實真的如此美好**。

在沒有產生行為連結時，顧客與產品的連結，可以透過認知連結建立。比如，商家可以告訴顧客這款零食低熱量、低糖、口感酥脆，讓其對產品建立認知連結，透過建立這種認知連結驅動他們消費產品。認知連結是在為顧客製造和開啟可能，促使他們去擁抱可能。反過來，行為連結也會塑造認知連結，比如，很多商家會讓他們在對產品沒有任何認知的情況下直接試吃、試用、試穿，就是試圖借助行為連結，來塑造顧客對產品的認知連結。認知連結和行為連結是彼此塑造和驅動的。當然，認知連結和行為連結也在塑造神經連結。

從神經連結、認知連結到行為連結，它們的終極目標，都是與自我連結。世間的一切事物之所以能夠影響人們的行為，是因為它們與人們的自我建立了連結。這些無形的連結影響著我們的行為。

請記住，沒有連結就沒有影響力；一切都始於連結。

04 就算你什麼都沒做，大腦也沒閒著

那麼，什麼是「自我連結」？那就是「與自我建立的連結」。

當我們強烈渴望借助其他方式，使自我可量化、可感化、可確定化，這一系列的過程，就是讓自我與各種事物、行為、思想、感受建立連結，使它們成為自我的一部分，從而讓自我變得實在化、可顯化、可量化、可塑化、可知化。

我們所認為的「自我」，其實只是與這世界建立各種連結的集合體。我的愛好、工作、夢想等，我擁有的、得到的，都是自我連結。所謂的「自我」是一種關係性存在，透過學習、承諾、信任、契約、目標、占有、互動等連結模式建立起來。自我需要借助擁有的財富、得到的認同、權力的大小、影響力的大小等，這些可以評估的指標變得可量化、可視化、可知化。沒有這些連結對「我」的自我化，

「我」只不過是有侷限的個體。這樣的「我」來到世間做什麼，又將去哪裡？

同樣的，當我問各位「你是怎樣的人？」時，如果你回答我你是誠實的人、善於溝通的人、情商高的人，這又該怎麼證明？一定是你做過這樣的事情，表現出這樣的行為，才會認為自己是這樣的人，別人也才會認定你是這樣的人。我們是怎樣的人，是由我們做了什麼、說了什麼、有什麼樣的表現而決定，是透過這些可顯化、可塑化、可感化的方式與自我的連結，塑造了我們。

大腦與這個世界建立連結，對不確定的、空虛的自我進行自我化，又是為了什麼？是為了自我強化。這也是大腦的終極目標。它會透過保護我、表達我、實現我、感知我、關注我，提升自我意識和感受，讓我們感受到自我價值感、安全感、掌控感、駕馭感、成就感、能力感、使命感、認同感、歸屬感、方向感、目標感、優越感等認知與情緒，而這些感受都具有自我強化的功能。

可視化、可塑化、可感化的方式與自我的連結，塑造了我們。

舉例而言，你很想買某個幾萬元的手提包，這就是在試圖讓自我與手提包建立連結，讓它成為自我的一部分。這麼做的目的在於，透過手提包來進行自我強化，感受到自己是時尚的、有品味的人。簡而言之，我們會透過買下價值幾萬元的手提包，去感受自己是怎樣的人。擁有手提包，與它建立連結，再透過它連結到時尚和有品味的自我，從而感受到自我優越感和價值感。自我強化便是透過這一系列的過程實現。

大腦強化自我的研究

大腦的每次連結，都為我們提供了一次與「自我」連結的機會，試圖進行自我強化。而多巴胺在自我強化中發揮著重要的作用。日本大阪大學的研究者發現，當人們有意識或無意識的看到自己的臉，比如照鏡子時，大腦中愉悅迴路的多巴胺會被啟動。研究者表示，這其實是大腦在對自我進行強化處理。當我們關注到「我」時，會讓大腦意識到「我」是個真實存在的個體，產生強烈的自我感。得到金錢、吃到美食、得到他人的認同、擁有某物、沉迷某種行為等這些連結行為，之所以能夠啟動多巴胺，就是因為這些連結行為具有自我強化功能。簡單來說，就是多巴胺在驅動我們刷自我存在感。我們內在有多空虛、匱乏，自我強化的意志就有多強烈。

我們的大腦服務於自我，同時也是臺「自我強化機器」。我在先前的作品《自增長》中，提到過兩個關於自我非常重要的研究。一個是丹尼爾・韋斯曼（Daniel Weissman）的研究：大腦在分神時，有些區域也處於活躍狀態，這些腦區就是與自我相關的區域。康納曼也指出，大腦平均每三秒就會強化一次自我。儘管我們做事情經常走神，大腦仍會忙裡偷閒去關照自我、感受自我。

另一個與自我相關的研究是馬庫斯・賴希勒（Marcus Raichle）於二〇〇一年發表論文，它證實了大腦存在預設模式。也就是說，大腦在沒有任務需要完成時，它的預設系統也在運作，而這些運行的腦區就是與自我相關的核心腦區——內側前額葉皮質（Medial Prefrontal Cortex）和後扣帶皮層（Posterior Cingulate Cortex）。所以別看你有時候什麼也沒有做，其實你的大腦並沒有閒著，它始終都在與自我保持連接。大腦存在的核心目的，就是驅動我們去不斷感受自我和關注自我。大腦始終都在檢索這個世界與自我的關係，尋找自我強化的機會。自我強化的意志讓我們感覺到「我是我」。

每個人都是自我強化的產物。一個人依賴什麼事物進行自我強化，他就是什麼樣的人。有的人喜歡消費名牌商品，有的人喜歡追求內在的豐富、有的人喜歡說、有的人喜歡做、有的人喜歡炫耀、有的人喜歡低調……一個人是什麼樣子，都是因為他們找到一種自己認同的自我強化模式，他們用這種方式來感受自我。人與人的本質區別，便是來自自我強化模式的區別。

如果拋開或斬斷自我與這個世界建立的各種連結，「我」就是有侷限的個體——不可感、不可視、不可知、不確定、不可控、不可量化。斬斷與這個世界的連結，自我就會迷失、瓦解。記住一點，我們生活在一個自我化的世界，這個世界構建的一切，都是在為人們強化自我服務。所以，商家的一切行為都是圍繞一個目標展開，即為顧客提供自我強化的管道和工具。如果不明白，就做不出對他們具有吸引力的品牌和產品。

05 觸發衝動購買的三個按鈕

自我可以簡單的理解為「我們對自己是怎樣一個人的認知」；而人們對自我的認知，又可以再分為三個面向。

第一，我認為自己不是怎樣的人，或我不想成為怎樣的人，簡稱「不是的我」，例如，我認為自己不是個小氣的人，或者我不想成為一個小氣的人。第二，我認為自己是怎樣的人，簡稱「是的我」，比如，我認為我是個有品味、有追求的人。第三，我想成為一個怎樣的人，簡稱「更好的我」，像是我想成為一個時尚的人、有能力的人等。自我強化就是圍繞著自我這三個面向展開，它們可說是啟動機制的三個按鈕，按下其中任何一個，都會使我們的大腦映射出自我可能的樣子，因此我們也可以把這三個按鈕通稱為「可能自我」。

可能自我會驅動我們產生保護、表達、實現自我的行為。以下讓我們來看看這三種可能自我，是如何被喚醒、讓我們產生了自我感覺，並驅動了什麼樣的行為。

①不是的我

啟動「不是的我」的方法，有以下幾種：暗示自我以落後、淘汰、不對、不好、不懂、不知道、錯誤、消耗等負面的狀態存在，大腦就會映射出自我不想成為的樣子。比如，「你還在犯一些低級的錯誤嗎？」、「你怎麼還在這樣做？」這類表達方式能反映出我們不想成為的自我。啟動「不是的我」，會讓我們體驗到孤獨、失控、無助、錯亂等負面的自我感覺，觸發自我保護的意志，驅動我們做出迴避、保護、逃避、抗拒的行為。

當「不是的我」應用在商業中，可以看到許多品牌廠商，會為顧客創造坑、彎、耗、錯、痛等負面的可能，目的就是為了讓他們感受到那個不是的、不想成為的自我，從而驅動其消費行為。作為讓我們避免成為「不是的我」的管道和工具，這樣產品和品牌才具有自我強化的功能。

②是的我

啟動「是的我」的方法，包括製造表達、展示、互動的空間和管道，大腦就能映射出「是的我」的樣子。我們會體驗到重要、價值、肯定、認可、掌控的自我良好感覺。

這樣的自我感覺會觸發自我表達的意志，驅使我們表達、展示、模仿、追隨的行為。我們用什麼、穿什麼、說什麼、做什麼其實都是在自我表達，大部分的社群和影音平臺都是自我表達的空間和管道。

生活對我們來說就是一場表演。你演成什麼樣子，就是什麼樣的人。表演就是塑造大腦、自我的一個過程，這就是神經科學家唐納．赫佰（Donald Hebb）提出的神經可塑性（Neuroplasticity）原理。例如，假如你不愛說話，只要裝作愛說話的樣子，不斷練習去說，慢慢的，大腦神經連結就會得到重塑，讓你真的變得越來越愛說話。

我們要牢記一點，是展示、表演、表達的過程讓我們成就了「是的我」。現代商業就是透過顧客對品牌和產品的消費，讓其感知時尚、進取等自我的存在；而現代商業的核心功能，便是為了滿足、促成顧客的自我強化。

③更好的我

「是的我」與「更好的我」存在一些本質上的區別，「是的我」是我們認為自己已經是怎樣的人，渴望展示和表達出來；「更好的我」是我們認為自己還不是怎樣的人，渴望貼近、成為和實現那個形象。

啟動「更好的我」的方法，包括提供人們更美好、更高、更理想的標準，這時我們的大腦就會映射出「更好的我」的樣子，體驗到超越、實現、進步、提升、完美的自我良好感覺，觸發自我實現的意志，驅使我們努力、奮鬥、追求、改變等積極正面的行為。例如，你一上體重計，就會看見理想身材的標準，這些資訊為你提供了一套新的標準，啟動「更好的我」，從而驅使你積極鍛鍊，想要成為身材更好的自我。

打造品牌和商品，就是為顧客創造工具，感知到自己可以變成更好的自我，從而體驗到自我強化的過程。

哲學家朱立安．巴吉尼（Julian Baggini）就曾經指出，要拋開自我，談心理運作過程和人的行為是不可能的事。請務必記住，為顧客構建可能的自我，是打造品牌、產品的核心目標，因為只有可能的自我能驅動人們的行為。在《駭客任務》（*The Matrix*）中有這樣一句臺詞：「你怎麼知道是你想要，而不是程式想要？」其實，人就是被自我強化意志驅動的機器。我們的大腦被自我強化的意志格式化，無論怎麼升級和改變，都脫離不了這項原則。

06

總是被高估的快感

大腦的自我強化機制需要動力的支撐，不然就是個空架子。這就像一輛車設計得再好，沒有燃油它也無法啟動。而這時，為自我強化提供動力的，就是多巴胺。

我們只知道多巴胺是動力的來源並不夠，還要知道它是怎樣轉化成能量，畢竟唯有如此才能產生驅動力。那麼，多巴胺如何轉化成能量？答案是透過「可能」。多巴胺需要轉化成「對可能的預期」，才能成為驅動我們的能量。當感知到可能性，大腦便會釋放多巴胺。多巴胺之所以是驅動行為的核心動力，是因為它會創造和渲染可能性，讓我們看到、感知到可能的自我。我們買幾萬元的包、幾百萬元的汽車，都是因為多巴胺讓我們看見了期待成為的自我，增強了自我強化的意志，從而驅使我們去擁抱和追逐可能的自我。

腦中不斷產生的脈衝信號，則會試圖讓我們看見各種潛在的正面或負面可能。而這些脈衝信號看似無序，實則存在著為了創造「無盡可能」的目的。大腦是個窮盡可能的機器，在馬不停蹄的為我們搜索、製造、渲染可能。

多巴胺在窮盡可能的機制中，發揮著至關重要的作用。二〇二一年加州大學聖地牙哥分校（University of California, San Diego）的團隊發表的一篇論文指出，在實驗鼠的大腦中充滿了不可預測的多巴胺脈衝。這種自發性的多巴胺脈衝，迅速出現在實驗鼠的腦皮質，甚至在沒有愉悅的事發生和期待獎賞的情況下，也會產生；更加重要的是，實驗鼠可以自主調節部分脈衝。

研究者推測，在沒有期望獎賞的情況下產生的多巴胺脈衝，可能是在促使實驗鼠進行覓食、尋找伴侶和進行其他社會性行為。這項研究為我們進一步認識多巴胺在搜索可能、製造可能方面發揮著重要的作用，提供了有力的證據。也就是說，是多巴胺脈衝促使我們積極主動的解決和超越自身存在的各種限制。多巴胺脈衝好像在說：「去看看冰箱裡有什麼好吃的、去看看網路上有什麼爆料、去看看同事需要什麼幫助……。」

另外，當我們大腦中產生一個想法，需要多巴胺增強時，這個想法才對我們產生實質性的影響。多巴胺是大腦細胞之間負責傳遞脈衝信號的「使者」。大腦脈衝信號製造出瞬間的念頭，就好比黑暗中燃著的火花。在多巴胺的催化下它才會燃燒——讓一個念頭變成一個故事、一個情景、一個畫面、一種感覺，變成一種強烈的可能。比如在捕蝶大戰中，父子倆產生抓蝴蝶的想法時，是大腦釋放了大量的多巴胺，渲染了可能產生的美好，不斷驅動兩人持續行動。

我們在考慮做什麼、買什麼時，都會先評估可能的結果，會為我們帶來什麼樣的感受。**大腦具有模擬未來可能發生的事情的能力，而多巴胺在這其中發揮了至關重要的作用**。美國和英國的一項研究發現，在大腦想像和構建積極的未來事件，導致多巴胺被觸發時，會讓我們「高估」從事件中獲得的快感和價值。多巴胺對未來快樂和美好的預期，在主觀判斷上有調節作用。研究者認為，在預期過程中提升濃度，會讓大腦高估未來事件帶來的快樂和美好。

那麼，多巴胺如何讓我們「高估」預期？答案是「正向幻想」。當我們有一個目標時，如果能有大量的多巴胺對這個目標進行渲染，我們就會產生正向幻想。多巴胺透過啟動我們積極、樂觀、正面的想像，來模擬達成目標的美好、路徑和對自我的正面影響等。它會讓大腦把目標幻想得過於美好、完美、重要、容易——正向幻想讓我們感覺目標唾手可得。

多巴胺在渲染可能時就好像在告訴我們：「抓住這隻蝴蝶，兒子一定會很高興；如果剛才再快一點就會抓住牠……」其渲染可能的目的，是讓大腦感受到事情的真實性、確定性、重要性，堅信可能是存在、重要的，這才讓我們產生了積極的行為。是多巴胺的存在讓我們對未來的期望變得不一樣，這是因為它的濃度產生了變化，而非眼前的事情真的變得不同。

多巴胺不只在驅動我們追求某個目標上有積極正面的作用，它在我們對自我的認知中，也發揮著積極正向的作用。當多巴胺濃度維持平衡時，我們會產生「正向偏差」的自我認知，亦即人們普遍認為「我的想法都是對的，也是個不錯的人，掌控著自己的生活和未來」的信念，是人們保持積極樂觀心態和身心健康的基礎。研究發現，多巴胺與憂鬱、焦慮等情緒存在關聯。憂鬱和焦慮與大腦中多巴胺濃度的紊亂程度，有密切的關係，其濃度的不足，將導致人們無法再對自我保持適度的正向偏差，也就是無法再感知到自我正向的可能，因而出現憂鬱和焦慮的情況。

記住一點，**「美好的可能」與「糟糕的可能」都是由多巴胺所渲染**，很多時候並不是實際上真的有那麼美好或糟糕。多巴胺存在的最大價值，就是為我們製造和渲染可能，驅動我們擁抱可能的自我，從而實現自我強化的目的。

07

活在當下，幻想未來

儘管人類存在侷限，我們的大腦仍存在「窮盡可能的機制」，試圖超越感知到的各種限制；而人們有多抗拒自身的侷限，就多渴望可能，因為其中存在著突破和實現美好的機會。人類是受此機制驅動的動物，當可能與自我連結起來時，我們便能看見那個變得不一樣的可能的自我。無論正面或負面的可能，都能驅動人們的行為：負面的可能驅使人逃避，而正面的可能驅動我們的追逐行為。這些看得到或看不到的可能性，感受得到或感受不到可能的自我，在很大程度上由多巴胺決定。

可能的自我並不是當下、現實、常態的我，這樣的自我在我們看來存在侷限。可能的自我可以超越這些侷限，讓自我可能變得更好、更完美、更有機會得到和擁有、更可能得到上天的眷顧、更能夠得到認同、更有辦法避免煩惱等。

那麼，多巴胺渲染的可能自我讓我們突破了哪些侷限呢？它幫我們突破了四大侷限，分別是身體的侷限、社會的侷限、時間的侷限、無意義的侷限。

①身體的侷限

我們存在生老病死的身體侷限，例如，你想精神飽滿的完成今天的工作，但坐在電腦前一、兩個小時就感到疲倦。我們精神飽滿狀態的不可持續性，就是身體的侷限。喝咖啡、吸菸是我們超越身體侷限，重新連結精神飽滿自我的方法。我們之所以選擇這些方法，是因為它們為我們提供了超越自我侷限的可能性。大部分讓人欲罷不能的東西，都可以短暫的讓我們感受到突破生理限制，感受和看到可能。

②社會的侷限

人是社會性的存在。我們的生存模式造就了另一種侷限——社會的侷限。我們生活在競爭激烈的環境中，生來得到的資源也不平等。別人有而我沒有、別人漂亮而我不漂亮、別人的家庭條件好而我的不好等，就是我們的侷限。這些侷限讓我們深深感到無力，所以我們努力、奮鬥的目的，都是為了突破它們，讓自己變漂亮、變富裕等。擁有、得到、變成的可能，讓我們感覺自己有得到認同、肯定、愛、尊重的可能。這讓我們感覺活著有可能。現代商業的核心模式，就是為我們製造侷限的同時，又指出一條突破侷限的途徑，這就是每個商品發揮的功能。所以，我們需要不斷的擁抱商家製造的可能，才能感覺到自己有突破侷限的可能。

③ 時間的侷限

可能存在於「未來」，而我們卻只能活在「當下」；「只能活在當下」就是我們的侷限。無論期待什麼、渴望什麼，「期待和渴望」在未來才可能發生，一旦進入當下就成了「事實」。而事實是確定的結果和肯定答案，這其中沒有可能性可言；一旦可能進入當下，一切就會成為事實，失去可能性，成為我們的侷限。我們需要不斷、重複的進入下一刻，才能感覺到有突破事實侷限的可能性，也才能活得有希望。可能的自我永遠無法被觸及，也無法實現；我們要想擁抱可能的自我，就必須不斷的擁抱未來、進入未來，這也是人們對「可能的自我」容易上癮的原因。

④無意義的侷限

我們存在的最大侷限，就是「存在的價值和意義」。我們深受「我是誰？我存在的價值和意義是什麼？」所困擾，需要不斷創造自我價值，才能讓自己的人生變得有意義、有價值。

超越無價值和無意義的方式，就是不斷為事物賦予價值和意義。這樣一來我們才會感覺這些事情值得追求；而有值得追求的事情，才感覺有突破無意義的侷限的可能。這其中事物的價值和意義，更多是由多巴胺渲染，並非事實真是如此。任何能影響我們行為的事物，都被賦予了某種意義和價值。擁抱有價值和有意義的事物，讓我們感覺自我的侷限可以被突破。

突破侷限的多巴胺穿搭

一旦我們感受到自我侷限，自我強化的意志就會被喚醒；而當我們感覺自我的侷限被突破時，就會體驗到強烈的自我感。突破侷限的感覺，就是在自我強化。

敢面對限制是因為多巴胺創造了突破的可能，不然我們會陷入絕望中，這對身心健康非常不利。自二〇二一年至今（按：二〇二四年十一月本書出版時）十分流行的「多巴胺穿搭」，出現於疫情期間。當時，突如其來的疫情讓人們深陷焦慮之中，深刻感受到了自身的侷限性，體驗到了強烈的無助和無力感，迫切需要借助一些方式來提升自信，重拾對生活的掌控感和主動權。此時，最活潑大膽的時尚潮流「多巴胺穿搭」就此問世。多巴胺穿搭是利用鮮豔色彩裝扮自己，從而帶動個人積極情緒的新潮流，例如，穿著明亮飽和的鮮橙色、亮黃色款式服裝等，服裝鮮豔的顏色和個性化的設計，對人們的感官產生了強烈的刺激，可以讓大腦瞬間興奮起來，釋放多巴胺，讓我們變得正向。

在正向情緒的帶動下，我們會感受到更多的可能性，積極的面對生活。多巴胺穿搭便是透過衣著形式，發揮個人的主觀能動性，強化自我、掌控自己的生活，進而調節自我身心的平衡。無論這個世界有多陰鬱，我們可以主動喚醒多巴胺，讓生活充滿色彩。這就是多巴胺的魔力所在，它讓我們感受到突破的可能，為我們帶來力量。

在生活中，人們為什麼那麼依賴化妝或美顏濾鏡，也都是因為它們讓我們看到了更完美、更美好的自我。人們認為現實中這個實實在在的自己，並非真實，那個美顏、化妝後充滿可能的自己才是「真實的自我」；那個能突破真實自己可能性的，才是真實的自我。在我們看來，自我並不是指自己的現實，而是指可能性，指的是充滿可能的「我」、待實現的「我」。人們之所以有這樣的錯覺，歸根究柢是因為骨子裡抗拒受到侷限的自我。

有可能，才有希望，才有變得不一樣的機會；如果沒有可能，一切既定，活不活、努力不努力、奮鬥不奮鬥都一樣，人生一眼見底。如果沒有可能，現狀就是終點，意義和價值就是當下，我們會變得絕望、沒有行動力。這就是為什麼積極樂觀的人總是充滿行動力，因為他們總是能看到可能性；而消極悲觀的人總是無力，因為消極情緒讓他們看不到可能、無法產生驅動力。所以，**可能就是一切，而多巴胺就是製造可能的「神奇魔法師」**。

08 你買的不是衣服，是人設

聰明的商家都知道，顧客要的不只是一件衣服、一杯咖啡、一本書，而是這一切為他們開啟的可能自我；唯有可能性存在，才能擁有自我強化的工具和管道。

我們要明白一點，讓顧客渴望建立連結的，是品牌和商品構建的一個個更理想、更美好的可能自我，它們將品牌與顧客連在了一起。如果你仔細的觀察每個品牌，會發現它們就像在對你說「你是這樣的人」、「你不應該變成那個樣子」、「這才是你應該有的樣子」……每個品牌都在試圖讓顧客看到可能的自我，試圖成為他們保護、表達、實現自我的工具。

這個商業社會處處彌漫著多巴胺的味道，充滿可能的誘惑。我有個同事在認知到這一點後，每次去逛街，都會感覺到每個展示櫥窗的商品在向自己招手；每個品牌在展示一個個風格各異的自己：只要穿上這些品牌的衣服，就會變成心目中美好的自我；用了他們的產品就會成為不一樣的自己。而有些品牌就不會給人這種感覺，它塑造出的可能自我是模糊、不清晰、不鮮明的，這就是品牌的失敗，因為並沒有清楚定義出自身的位置。請記住一點，品牌和商家更深層的目的，都是為顧客形塑自我，為自我製造各種華麗的「衣裳」。

我女兒小時候曾問我：「爸爸，你是做什麼的？」這時我該怎麼回答她？若告訴她，我從事用戶行為研究、品牌優化的工作，她一定會感到困惑。於是，我說自己是負責研究「為什麼她會那麼喜歡艾莎（按：Elsa，動畫《冰雪奇緣》〔Frozen〕的主角）」。

我問她：「妳為什麼喜歡艾莎，還有與她有關的服裝和裝飾呢？」她思索片刻說：「我喜歡艾莎是因為她漂亮、美麗、有魔法。有了她的東西，我就可以成為她那樣漂亮而且有魔法的人。別人欺負我，我可以把他們凍住。」變成艾莎那樣，就是她喜歡艾莎的原因。她試圖透過與艾莎有關的事物，與她建立連結，以能夠變成那樣完美和強大的人。一個ＩＰ（按：Intellectual Property，智慧財產權，以下簡稱

ＩＰ）吸引我們的，就是它讓我們感受到的那個可能的自我。一個成功的ＩＰ能夠讓我們經歷從自我侷限到突破、實現自我的蛻變，這才是它的價值和吸引力所在。

能讓顧客從品牌和產品中感受到可能的自我，才會驅動他們的消費行為。這就是為什麼很多直播主會告訴你「不要賣貨，要推銷人設」的原因。推銷手機時，除了介紹配置、性能，更要強調該款手機帶來的高品質生活，這樣做的目的，就是將顧客「更好的自我」投射在產品中，來驅動他們的消費行為。

多巴胺經濟的驅動力來自可能的自我。只要我們能為顧客製造可能，就能驅動他們的行為。各位讀者可以回頭想想，起初讓你為之瘋狂的某件名牌衣服，為什麼你穿不到幾次，就將它封存起來，甚至連看也不想多看一眼了？這是因為它並沒有像你想像的那樣讓你變美，顯得有氣質。你不能再透過它感受到可能的自我。

但是，如果有一天你在網路上看到某個版主在講穿搭，忽然發現原來這件衣服還可以搭配出更好看的風格，這時被你封存的衣服就會重新與「可能的自我」建立連結，再次渴望穿上它。在整個過程中，衣服變了嗎？沒有。那是什麼變了？是大腦圍繞它製造的可能變了。可能是什麼？它不是事實，只是一種機率。它不一定能讓你變得漂亮，顯得有氣質。多巴胺圍繞它製造的某種可能在吸引你、驅動你，讓你痴迷。

請各位務必記住，**大腦迷戀的是自我可能**，因為某些事物成了將我們渡向可能的自我的途徑。**若品牌和商品不能讓顧客感知到可能，就沒有增長的空間**。多巴胺經濟是靠可能驅動的經濟增長模式，如果人們看不到未來可能的景象，也不會有經濟成長的可能性。商業創造價值的方式，就是為顧客創造與開啟可能。

09 突破實體經濟的侷限

網際網路與人工智慧技術能為實體經濟帶來收益，其關鍵原因在於，我們的大腦要的是「可能」而不是「事實」。這些技術模擬和創造的可能性，與實物為我們創造的可能，對大腦的影響是一樣的。這就像我們吃到蛋糕會啟動多巴胺，如果在遊戲中模擬自己吃到蛋糕，也會啟動多巴胺。

史丹佛大學的行為科學教授艾倫・萊斯（Allan Reiss）曾帶領團隊做過一項研究，了解受試者在玩電子遊戲時，大腦中愉悅迴路的反應情況。他們設計了用拖動滑鼠使領地擴大的小遊戲。電腦螢幕上有一條垂直的分割線，將領地分割成左右兩個部分。右邊的部分有些小球，玩家點擊小球能使其移動；當小球碰到分割線，分割線就會向左移動一點，螢幕右邊的「領地」就會變大。此一實驗對受試者的要求，是希望他們盡可能的透過滑鼠點擊更多的小球，讓領地變大。而研究發現，即便是以這種虛擬的方式讓領地變大，也能啟動受試者大腦中的愉悅迴路。

也就是說，**大腦是受有關大小、好壞、對錯的情感所調控，而非事實**。因為這種情感與「我是怎樣的人」有關，它代表著此刻我是好人還是壞人、對還是錯、有沒有能力等。遊戲中的任何行為都與「我」是怎樣的一個人，有著密切的關聯，如果玩家過了某一關，就意味著「我」是有能力、是思維敏銳的人；如果玩家過不了某一關，就意味著「我」是沒能力的人。

觀察那些玩家通關時的表情，我們就會發現，在虛擬世界獲勝，與在現實中贏了的感覺一樣，它們都能讓大腦感到愉悅和興奮。所以，只要能借助網路和人工智慧技術模擬社會、競爭、獎勵、互動、情節、多少、好壞、對錯、價值和意義等，就能刺激多巴胺的生成。這種模擬的可能，就會成為人們自我強化的管道和工具。這意味著人們很多時候不在乎事物是否真的對自己有用、有利，只要能對自我進行強化，能改變自我的感覺，人們就會沉迷。

實體經濟存在著時間、空間的侷限。一間餐廳每天顧客進店的高峰時段，就是中午和晚上的兩、三個小時，而且顧客在店裡停留的時間也有限；一間店鋪就算客滿，能容下的人數也十分有限；再加上顧客只有在用餐的短暫時刻，才能來消費，這樣一來，商家與顧客的連結時長、深度、模式都會受到限制。然而，如果結合手機與網路技術與顧客進行連結，就能突破這些侷限，從而獲利和增加產值。

中國知名咖啡連鎖品牌瑞幸咖啡，能夠起死回生的其中一個原因，就是它延伸和突破了與顧客的連結模式。瑞幸咖啡大部分的店鋪中只設置了少量的座位，它選擇將與顧客的連結轉移至手機上，讓顧客無須走進店鋪就能與商家互動。顧客在上班的路上可以打開App點一杯咖啡，當顧客到公司樓下，咖啡就已經做好了，顧客直接拿著咖啡上樓。這樣一來，店鋪與顧客連結就成了商家與顧客多個連結點中的其中一個。

手機的存在，讓商家擴延和突破與顧客的連結，打破了傳統咖啡店到店消費的單一連結場景。這樣一來，商家與顧客的連結就會更加深入，更能夠脫離實體場所與顧客連結互動。而當瑞幸咖啡出現負面風波時，如果只有實體店的連結模式，顧客就很容易受到負面影響不再到店消費。但是當顧客發現瑞幸的線上作業端還「屹立」在那裡，不停與自己互動時，他們就會認為品牌並沒有受到什麼影響，自己還可以買到便宜的咖啡。所以，多巴胺經濟是與顧客連結模式的深化和突破。因為連結模式決定了與使用者關係是否穩固，與是否具有增長空間。

知名運動鞋品牌耐吉（Nike）曾推出了一個智慧系統，叫作「Nike+」。該系統在鞋中內置了一個無線的計步器，它可以將使用者跑步時產生的資料，上傳到線上服務平臺。在這個平臺上，顧客可以直接看到自己的行走步數、距離與身體資料，系統也可以將資訊分享給好友，讓他們與其他顧客進行比較、相互挑戰。這樣一來，一雙普通的鞋在智慧技術的加持下，徹底突破了它本身的侷限。

智慧科技鞋為顧客創造了更多可能，讓他們能時刻感受到自己身體的變化，甚至還可以借助這些資料與他人進行交流，這便是智慧科技將一雙鞋與顧客更加緊密連結在一起的案例。智慧家居、智慧穿著等發明，都是在借助人工智慧技術開拓與使用者的連結模式。這並不僅僅是為了便捷，更重要的是深化與他們的連結。多巴胺經濟的核心目的，就是為了與顧客建立更深的連結。

如今手機似乎成了我們身體的一部分。手機之所以對人們有著如此強烈的吸引力，其關鍵在於它能夠不斷的為我們提供可能性。手機上那些吸引人的應用程式，能不斷開啟可能性，如Youtube、Facebook、Instagram、蝦皮等。**每次你在電商平臺下單，都是在為自己製造可能**；社群軟體就更不用說了，你一刻不關注，就擔心會錯過好友的留言和動態，它也時刻在製造著可能；影音平臺則會教你用氣炸鍋做各種美食的方法，以及一件衣服的三十種搭配方式，這些內容都是在為使用者開啟、製造可能，讓使用者看見更多的可能性。這些使用率和關注度高的應用程式的核心邏輯，就是多巴胺驅動。一個好的應用程式，就是一個觸發多巴胺能量的良好媒介，能持續為人們開啟可能，讓人們始終覺得活著充滿可能性。

數位和智慧科技為實體經濟帶來的全新經營模式，為多巴胺經濟揭開了帷幕，使其魅力得以彰顯。馬雲曾經說過：「如果過去的互聯網技術只是讓很多企業活得好，那未來的互聯網技術是很多企業活下去的關鍵。」這其中最關鍵的，是商業的競爭已經進入了深度優化的階段。

實體經濟和傳統網路經濟，在很大程度上受時空和實物的侷限，人們只有透過數位科技和人工智慧科技的協助，才能突破這些限制，與顧客建立更深更緊密的連結，也才可以最大化的發揮多巴胺的驅動作用。數位和智慧科技，會為多巴胺經濟成長提供無限大的空間和強大的動力。它們可以將商家對多巴胺的調控發揮到極致，而我們正在進入多巴胺經濟增長的新時代。

在未來，人工智慧將會得到進一步發展，會湧現出一大批像 ChatGPT 等實用的智能工具。在未來，我們可以在線上試穿各種衣服、嘗試各種的妝容、體驗各種驚險刺激的冒險，多巴胺經濟會在人工智慧科技的加持下快速發展。人類的生存方式將會產生改變，人們創造價值的方式亦將會徹底被改變。我們不再需要朝九晚五的工作、風吹日晒的送外賣、整天在直播間喊破嗓子賣貨……未來人們創造價值的方式將徹底改變。

我們根本不用擔心會被人工智慧替代。我們將會步入一種新的自我價值創造生存模式，如何借助這些工具模擬可能、創造自我價值，以驅動人們的行為，是我最近幾年研究的重要議題。它是多巴胺經濟發展的動力，也是未來經濟的新增長點。

人類追求的是自我，而自我追求的是可能。人是被可能驅動的機器，哪裡能最大化的滿足自我對可能的需求，人就會在哪裡。如果你能了解這一點，就真正搞懂了什麼是顧客，並抓住了其與商業的本質。

閱讀到這裡，我們明白了觸發多巴胺的是自我強化的意志，多巴胺的存在是為了驅動我們連結自我。但是，**連結並不是一成不變，它共有六種狀態，分別是：建立連結、強化連結、固化連結、超級連結、切斷連結、隨機連結**。做文案、營運、策劃、廣告、行銷的方法，其實都是圍繞連結的六種狀態延伸而來。這六種連結模式，就是調控使用者大腦中多巴胺的六個「控制點」。掌握了這六個控制點的觸發機制，我們就可以借助多巴胺的力量來驅動顧客的消費行為。接下來，我將深入和大家分享這六個控制點如何調控多巴胺，以及可以採取哪些方法和技巧來人為調控這些控制點，從而影響顧客的消費行為。

第 2 章

人是如何被「對號入座」

01 猴子與燈光的實驗

如果想要促進顧客的消費行為，首先要與他們建立連結，因為大腦透過這種方式自我強化，一切都得由此開始。而顧客建立連結的渴望，則源自他們從資訊中嗅到了自我強化的可能。

我們先來思考一個問題：漫無目的的逛街，與帶著明確目的逛街時的狀態，兩者有什麼差異？那就是其中一種是無意識的意志狀態，另一種是帶有意識的意志狀態。然而，無意識的意志狀態並不是指大腦不帶任何意志。我們的大腦時刻都在試圖進行自我強化，它的預設意識時刻在期待好事發生，或製造好事發生的機會。前面我們說過神經科學家的研究發現，**大腦在有獎勵期待時和無獎勵期待時，都會產生多巴胺脈衝**。這就是說，時刻期待好事的發生就是大腦的預設意志。並不是沒有明確的目標，大腦就沒有意志。預設意志已經與我們融為一體，意識不到它的存在，並不代表它不存在，就像我們完全意識不到自己的生命，時刻依賴氧氣一樣，它已經與我們融為一體。

明白了大腦有預設意志之後，再來看科學家們對多巴胺的研究，就會發現多巴胺存在的真正意義是什麼了。

劍橋大學（University of Cambridge）的神經心理學家沃夫藍・舒茲（Wolfram Schultz）教授與他的同事，曾做過一系列關於多巴胺的研究。在其中一項研究中，他們訓練猴子觀看電腦螢幕上紅色、綠色、藍色三盞燈（實驗中採用的視覺信號並不是三種顏色的燈，而是幾何圖案。為了便於大家對實驗的理解，以下用三種顏色的燈來表示三種圖案）。這三盞燈會分別閃爍一至兩秒。當綠燈閃爍兩秒後，放在猴子旁邊的一根管子會流出果汁，而當紅燈和藍燈閃爍時，果汁不會流出。與此同時，研究人員會觀察猴子大腦中多巴胺變化的情況。

首先，研究人員設定在所有燈都沒有亮的情況下，管子會流出果汁並讓猴子喝到。當猴子從管子喝到果汁時，研究人員發現猴子的大腦中釋放了大量的多巴胺。

有些神經學家認為這是猴子喝到果汁感到愉悅，或者說是猴子獲得獎賞才釋放了多巴胺。然而，事實上實驗的結果，並沒有這麼簡單。

舒茲認為**多巴胺並不是對實際的獎賞產生反應，而是對「預期獎賞誤差」有所反應**。預期獎賞誤差是指，實際的獎賞超出了大腦的預期。是因為實際的獎賞大於預期獎賞，才啟動了多巴胺。猴子的大腦是一個連結機器，當猴子處於陌生的環境中，它的預設意志，就是搜索和檢測環境中的事物與水、食物、安全的關係。當大腦快速發送多巴胺脈衝信號，這其實是它的「預設意志」啟動了多巴胺脈衝，不斷送出信號，發起神經細胞之間的連結，從而驅動猴子積極主動的與食物、水建立連結。這是猴子大腦中的預設期待、渴望；而猴子意外的「喝到了果汁」是實際的獎賞。這時實際的獎賞大於預期，使其腦中的多巴胺被啟動。簡單的理解方式，就是發生意料之外的好事，啟動了大腦中的多巴胺。

多巴胺自我強化理論認為，大腦的預設意志，是不斷透過連結進行自我強化的，一旦獲得一個新的連結，大腦就會釋放多巴胺，借助愉悅感來標記這個連結。

猴子大腦中釋放多巴胺，是因為牠意外獲得了一個新的連結——知道了果汁和管子存在關聯，才促使大腦釋放了大量的多巴胺。猴子意外喝到果汁、釋放多巴胺有兩個功能，一個是透過愉悅感來標記連結，感受標記果汁與管子之間存在關係。自我強化理論認為，愉悅感是對連結狀態的回饋和表達。當大腦建立新的連結時，如果大腦無法識別和感知連結的狀態，那麼，連結對大腦來說就沒有實質性的意義，因此不能對個體的生存發揮指導性的作用，因為連結只是一種狀態。我們想感受到這種連結的狀態，需要借助感受和感覺。感受和感覺是在標記連結和對連結進行編碼。感覺是對連結狀態和結果的感知和識別，感受是衡量連結狀態的尺規。

多巴胺透過感覺和感受來告訴我們，連結的狀態是什麼樣子，以此調控我們的連結行為。正是連結與感覺的這種關係，讓我們只意識到多巴胺與愉悅感、快樂有關；而沒有真正意識到感覺，更多是連結狀態的表達。

猴子意外喝到果汁、釋放多巴胺的另一功能，是為了驅動牠的重複行為。喝到果汁感到愉悅，是多巴胺在增強牠重複喝果汁的渴望，驅動重複與果汁建立連結。

羅瑞塔．布魯寧博士（Loretta Breuning）的研究發現：人們在饑餓時找到食物，大腦中會釋放多巴胺。多巴胺會在神經元之間建立連結。當吃到食物的場景再次出現時，大腦就會分泌多巴胺，驅動人們去吃食物。這時大腦便圍繞食物形成了一個多巴胺迴路。這就是多巴胺發揮的兩個功能：建立連結與重複連結。人們之所以會重複做一些事情，比如反覆吃喜歡的食物、做喜歡的事情等，在很大程度上受多巴胺的影響。

我們對事物的感覺受多巴胺控制。例如在吃薯條時，剛開始感覺很好吃，而在狼吞虎嚥之後，對薯條的好感就消失了，甚至不想再吃。我們對薯條的感覺怎麼變了？很顯然，是**大腦用好吃的感覺驅動我們重複吃，用難吃和飽腹感讓我們停止吃的行為**。我們來思考一個簡單的問題，一切疑問就解開了。如果在一件事情中沒有體驗到美好的感覺，你會渴望重複做這件事嗎？所以好吃和難吃都不是我們對薯條的真實感受，而是大腦在用感覺調控我們的行為。研究發現，多巴胺會對食物和水中的營養成分進行反應。多巴胺可以追蹤飲水和吃食物後身體狀況的變化，以此來調控我們對食物和水的需求。人們飲食和飲水的信號，很多時候是透過相關神經元來調控機體回應的。

食物好不好吃，在很大程度上是由多巴胺標記的結果；要不要繼續吃，也是其調控的結果。我們的味覺、視覺、聽覺、觸覺系統有一套觸發模式，只要符合這些模式，大腦就會喜歡，就會啟動多巴胺（在今後的作品中，我會詳細為大家介紹關於感官連結觸發多巴胺的相關模型）。

我們要深刻的理解一點，大腦中建立的連結，大部分是自我信念而非事實，目的是為了自我強化。很多時候，事物之間並不一定存在這種連結和必然關係。就像在實驗中，管子與果汁的連結是由實驗人員控制，而猴子卻相信這兩者之間存在必然聯繫。這更多是猴子的信念。與大腦建立連結，就是讓顧客對產品和品牌形成一種信念，它具有自我強化的深層功能。

商家與顧客的關係無一例外，都是從建立連結開始。連結就是產品、品牌與顧客大腦的橋梁；沒有連結，我們便不能影響他們的行為。所以，我們所做的一切，都是為了與顧客建立有效的連結，以及借助多巴胺的反應模型有效影響其行為。記住，沒有建立連結，商家與顧客就沒有關係，而建立連結的方法決定了它是否有效。接下來，就讓我和大家分享五種有效與顧客建立連結的方法。

02 大腦會習慣從環境中找線索

我們所做的文案、營運、設計、行銷、廣告等一切工作，都是為了塑造顧客對產品和品牌的感覺，因為有感覺才有連結。所以，無論你做什麼都要問問自己：「我要傳達什麼理念和概念？是簡約、環保，還是原生態？我這樣做能讓顧客體驗到××感覺嗎？」感覺才是你與顧客有效互動的核心。

建立連結，就是在塑造顧客對產品的感覺，而這能夠決定連接的強度。我曾在《帶感》（尚未出版繁體中文版）這本書中，詳細闡述了讓產品和品牌「帶感」的方法與原則，大家可以閱讀。而在此，我要和大家分享其中一種方法，那就是「感覺牽引」。

顧客的大腦中，存在著與各種事物建立的連結，這些連結都與大腦對事物的感覺串連在一起。感覺牽引就是將顧客對事物的某種感覺，牽引到產品和品牌，讓他們建立連結。

當我們將顧客某種既有的感覺，牽引到產品中時，會使他們自陌生的產品中，獲得熟悉感和掌控感。這有助於自我強化，會使大腦認為產品對自我有強化功能。這樣一來，產品就與顧客建立了連結。

我曾經看過一個版主品評咖啡的影片。他評價了十款即溶咖啡，且評價的方式很有意思，當你看完後，也會像我一樣對某一種咖啡產生好感，而不喜歡另外幾款咖啡。他是怎麼做到的？就是採用感覺牽引的方式。

我們來看一下他對其中四款咖啡的評價。

1. A款咖啡

入口後有一股砧板沒洗乾淨的味道，讓人舌頭發麻……還有點塑膠味。

2. B款咖啡

口感厚實，入口時不酸，但喝到後面有一點酸，還有點番薯的味道……整體很像中藥沒有加糖的感覺，酸苦酸苦的。

3. C 款咖啡

味道很水，有一點番薯皮的味道，但那是番薯烤糊了的味道……時間久了，就會有陳醋的味道。

4. D 款咖啡

口感很純粹，果酸的味道均衡，沒有怪味……餘味有點巧克力的味道，溫度稍微降下來後，會有細微的果酸，但是不會太過。

看完他的評價，你喜歡哪一款咖啡？是不是 D 款？因為他品評咖啡時，已經在我們的大腦中建立連結，借助我們既有的感覺，來塑造大腦對咖啡的認知連結。他將 A 款與砧板沒洗乾淨的味道連結在一起；將 B 款與中藥的味道連結在一起；將 C 款與陳醋的味道連結在一起；將 D 款與果酸的味道連結在一起。前面三款都與咖啡不該有的味道連結在一起，而 D 款咖啡與果酸連結在一起，這是咖啡應該有的一種味道。評價咖啡的過程，就是塑造大腦對咖啡認知連結的過程。

調控連結就是調控感覺，也就是調控多巴胺。要想透過感覺來調控連結，就要遵循「可感原則」。可感原則展現在兩個方面：一方面是感覺牽引要帶出的，是人們對事物的普遍感受，而不是一些獨特的、個人化的感覺；另一方面是引導顧客大腦中對某些事物特定印象，而不是不確定的、不可描述的感覺。

就像這位版主將人們對醋、砧板、中藥的印象牽引到咖啡中，來影響顧客對咖啡的感覺。這其中，醋、砧板、中藥這些事物，在人們的大腦中的感覺是普遍、有共識的，這樣的感覺才能影響我們對咖啡的判斷。所以，要想讓人們對一款飲料產生天然清爽的感覺，就可以將清晨露水的清透和涼爽感牽引到產品中；要想讓一款香水有陽光的味道，就要將陽光的溫暖感和炙熱感帶入產品中。露水、陽光都是人們很熟悉的事物，對它們的感覺也有共識。這就是透過感覺塑造連結的第一種方法，將人們熟悉的感覺牽引到陌生的產品中來，從而塑造人們對產品和品牌的印象。

還有一種感覺牽引的方法，是在人們接觸產品時，借助其他事物製造正面的情感，從而影響人們對產品和品牌的感受。這種方法與「吊橋效應」（Suspension bridge effect）如出一轍。吊橋效應是當你走在吊橋上，感覺心跳加快，這時身邊走過一個女孩，你會認為是這個女孩讓你心動。原因是當人們感知到某種身體情緒時，大腦會習慣性的從環境中找線索。這時人們與產品建立連結的機會就來了，商家可以抓住人們的這種心理，將美好的感覺牽引到產品中。

主持人竇文濤曾在節目中分享過，自己曾有過的某種心理狀態：「當我吃著一盤熱氣騰騰的餃子時，我感覺不孤獨了，就好像有人陪著自己。」這就是感覺傳遞和牽引的作用。心理學上有個經典的實驗，證實了這種感覺傳遞現象的存在。勞倫斯・威廉姆斯（Lawrence Williams）和約翰・巴格（John Bargh）在一項研究中發現，讓受試者握著一杯熱咖啡來閱讀一段人物描述時，受試者會更喜歡這個人物；但當受試者拿著一杯冷咖啡來閱讀這段文字，他們則容易變得不喜歡這個人物。這就是受試者將從環境線索中獲得的某種鮮明感受，牽引到了正在接觸的事物上，從而影響對事物的判斷。

同樣的原理也可以應用在聽覺上，例如星巴克（Starbucks）會挑選一些輕鬆愜意的音樂，將顧客對音樂的感受牽引到咖啡中。從這點我們可以意識到，打造產品和品牌時，氣氛的處理非常重要，因為這可以改變顧客對產品的感受。

感覺牽引可以塑造產品和品牌在顧客心中的認知，也會增強使用者對其記憶。前面的試驗中我們說到，猴子意外喝到果汁，大腦釋放了多巴胺。多巴胺此刻產生的重要功效，是促使猴子記住這個連結，也就是讓記憶發揮重要的作用。

一項研究發現，**新奇的事物可以啟動多巴胺、促進記憶**。當大腦遇到新奇的事物、意外的驚喜時，會啟動機制；如果在這時出現產品和品牌資訊，大腦會更容易記得。這就是廣告創意非常重要的原因。優秀的廣告可以啟動大腦中的多巴胺，促進大腦對產品的記憶。這就是先藉由一些新、奇、異的資訊喚醒它，再借助多巴胺的作用，影響使用者對其態度和印象。將產品與新、奇、異的資訊相連，也是塑造使用者對產品感覺的方法之一。

我們要牢記一點，**有感覺才會有連結**。當感覺產生時，大腦就會去尋找引發感覺的物件。這就是產品和品牌與使用者建立連結的機會。抓住這個機會，大腦就會在不知不覺中與產品建立連結。記住，有感覺才能達到自我強化的效果，才會激起大腦連結的意志。

03 心理學上的一致性原理

在這個科技當道的時代，如果你還在用二十年前的廣告思維與顧客建立連結，效率會很低，這也是商家普遍認為導流成本越來越高的原因之一。顧客在看到廣告時，很容易手指一劃，就給廣告判了「死刑」，根本不給你展示的機會。如今已不再是顧客被迫接受一切的時代了，主動權和自主權都掌握在他們手中。

在這種情況下，導流時與顧客的互動技巧就變得非常重要，你展示的資訊能不能在一瞬間與他們建立連結，才是最重要的事情。在這裡，我要和大家分享一種快速建立連結的方法：行為優先。行為優先，就是一上來不說廢話，優先誘導顧客的行為，然後透過行為，來影響他們對產品的感覺。

在誘導行為、影響顧客對產品的感覺前，首先要不讓他們溜走。什麼樣的資訊能讓顧客停下來多看一眼？我們可以回想滑手機時，什麼內容能夠讓你停下。根據我們對抖音的流量研究發現，那些能挑戰、驗證用戶自我的內容，往往能激發他們互動的衝動，使其駐足。例如，「你能一筆畫出這個圖形嗎？」、「你的心理年齡是多少？」、「猜猜版主在說什麼？」等內容，往往更能刺激用戶積極互動，這是因為人們有「自我驗證」的需求。大腦渴望解決問題、得到回饋和認可，也渴望透過解決問題來進行自我強化，感受自己的能力和對事物的掌控感。就好比大部分人都認為自己很聰明，但這種感覺如果得不到驗證，它只是一種自我認知。而當這種自我認知得到驗證時，人們才會獲得滿滿的自我感。

案例一：麥當勞的燈箱廣告

曾經有一家麥當勞在店鋪前設立了一個落地的燈箱廣告，顧客只要對著燈箱喊「啊」，燈箱螢幕中被蓋起來的冰淇淋照片，就會隨著聲音露出部分的圖案。只要顧客肺活量夠大，就能將遮住冰淇淋的海報「喊」出來。成功的顧客可以免費獲得一支冰淇淋。看到這種情景，路過的人們紛紛排隊想要挑戰一下。這就是將產品資訊與自我驗證連結在一起，激發了顧客積極的參與。這個過程中的內容和形式並不是最重要的，與自我的關聯方式才最重要。

案例二：餐廳提升翻桌率的方法

有一間餐廳為了提升翻桌率（按：Table Turnover Rate，即營業時間內，一張桌子服務了幾組客人），店員看見顧客吃完一道菜就趕快上去收盤子，看見杯子空了就上去倒水。這會讓顧客感覺店家在趕自己走，體驗極其糟糕。其實你只要稍微改變一下思路，就能讓顧客自動自發的快吃、快走。比如你可以告訴他們，四十五分鐘內吃完，可以獲得五十元折價券（按：本書提及價格皆以人民幣計算，人民幣一元約等於新臺幣四．四七元），在下次消費時可以直接使用折抵現金。這樣做一來會啟動顧客自我挑戰的意志，借助贏來自我強化；二來將店家要顧客吃快一些的意志，變成了自我挑戰、自我強化的意志。這個策略既提升了翻桌率，又推動了再度消費的欲望，商家的生意就會變好。

讓客戶先參與互動

除此之外，還有直接導入行為，不提主張和訴求，先與人們互動的策略。有的影音內容一開始就問：「以下這些事你做過沒有？做過的扣一，沒有做過的扣二。」這就是不做任何鋪墊，先讓對方參與互動、產生連結的方式。當觀眾看到這個問題，即便不在直播頁面上打出一或者二，也會在大腦中回想，自己是否做過這樣的事情，在自己的心中打出一或者二。這時他們就已經參與互動了。

直接導入行為就是什麼資訊都不傳達，直接給顧客目標，讓他們不假思索的做出反應。在某些大型促銷來臨之際，顧客一點開網購平臺，螢幕上會直接下紅包雨。看到紅包雨，他們就會做出模式化反應——瘋狂點擊。直接給顧客目標，會將其導入盲區，認為自己沒得選，只能接招，而忽視自己有跳過的選擇。

透過互動，讓顧客強化自我

還有一些社會實驗，也會採用這種方法。比如在大街上，研究者看到迎面走來的路人，直接伸出拳頭，想要與他們碰一下拳頭。大部分路人都會無意識的伸出拳頭，與對方碰一下，這時，研究者會張開拳頭，給對方一塊巧克力作為獎勵。我們可以發現，每個得到巧克力的人都非常開心，因為直接給目標會激發人們的下意識反應，使其不由自主的參與互動。如果行為產生後，再給他們一些好處和獎勵，這會讓參與互動的人們有種強烈的自我感覺——認為自己天生就是容易親近、容易為他人伸出援手的人。

我們也可以將這種方式運用到經營中。比如，我們故意將餐廳門口的展示架放倒，當路過的人把它扶起來後，他們會看到上面寫著：「您是個樂善好施的人，若您進店消費享七折優惠。」你認為這些路人會放棄這次消費機會嗎？大部分人是不會的。這其中重要的是，將行為與「我」是怎樣的人連結起來，這樣一來這個行為就成了自我強化的管道。

體驗，讓顧客的行為優先

還有些行為優先的策略，是提供顧客更多互動和接觸的機會。手機體驗店的店員非常友善，他們不會限制人們試用產品，在店裡想待多久，就待多久。他們之所以這樣做，就是為了不打斷顧客與產品的連結，讓他們更沉浸在與產品的連結中。

有一些咖啡廳，會儘量減少服務員的引導，讓人們發揮自己的自主性，在顧客推門進入的一瞬間，商家就要採用各種方式激發他們的行為，讓其深入參與和商家的互動，從而加深對品牌和產品的感覺。例如，顧客自己選咖啡杯、咖啡、甜點。商家試圖誘導顧客的行為，讓他們透過自我的感受與產品建立連結。

如果我們只是看著一個毛絨玩具而不去摸，就感受不到那種親膚感。很多時候，沒有行為的誘導不會產生感覺。有家麵包店，平時的客人不多，但是他們在結帳的櫃檯前擺放了紅絨，顧客想要結帳，就需要刻意繞一下。這樣的設置就在暗示顧客，這家店平時人很多，需要排隊。如果沒有這個設置，顧客不會產生這種印象。這都是為了影響顧客的觀感。

汽車4S店（按：整合行銷〔Sale〕、零配件〔Spare part〕、售後服務〔Service〕、訊息回饋〔Survey〕四項服務的汽車特許經營模式）有試駕、線上課程有試聽、化妝品有試用品，這都是商家試圖透過導入顧客的行為，來影響其對產品的感覺。借助行為匯出他們對產品的感覺，不同於借助感覺牽引來影響顧客對產品的感覺，行為匯出的感覺更直接、深刻。

心理學中有個「一致性原理」（The Principle of Congruity），指出人們在行為上趨向與認知保持一致。這說明了人們對產品的認知，會影響自身的行為。比如，我們認為這個產品不環保，所以從來不購買。同樣的，我們的行為也會反過來影響對產品的認知。例如，在超市裡將一個產品拿在手上，長時間沒有放下，這時大腦就會認為我們喜歡這個產品。行為優先就是利用「身體先說話」，讓身體幫助大腦做出決策。當你身在其中時，大腦就會默認「我喜歡，我感興趣」。

一致性原理之所以存在，歸根究柢還是因為大腦有自我強化的意志，它渴望體驗到內外統一、協調一致的自我。大腦認為自己是主人，如果它不認同身體的行為，就會產生錯亂感，這讓我們感到自身存在巨大的侷限；而為了避免這種錯亂感，我們會受其影響，趨向讓行為與認知保持一致。

04

這是「您的」房子

我們經常看到服務生在餐廳門口發傳單，那些傳單大部分都只是在介紹店內環境和菜單，其實這樣的宣傳並沒有什麼效果。然而，有一家餐廳別出心裁，他們發的不是普通的傳單，而是三十元的優惠券，可以兌換一道價值三十元的菜。如果顧客正要用餐，那麼他們就有了走進這家餐廳的理由；即使沒有用餐的需求，他們也不會輕易將這張優惠券扔掉，因為這意味著自己將親手葬送獲得折價的機會，所以會留著下次用餐時使用。這就是「連到，即得到」的方法，意即讓顧客接觸到產品資訊的時刻有所獲益。

我們一定要明白一點，與顧客建立連結的機會非常有限。如果在與他們連結的瞬間，無法讓其有獲益，我們恐怕再也沒有機會了，所以「連到，即得到」是將其把握住的最佳方案。

顧客所得之物分為兩種：其中一種是連到就能讓他們得到的具體好處、利益、獎勵，就像三十元的優惠券，顧客在拿到它的瞬間就與自我建立連結，將這三十元標記為「我的」；另一種則是「機會」和「幸運」。

店家的積分兌換策略

很多顧客都會收到這樣的資訊，某某店家發了一條訊息，提示你：「親愛的用戶，您帳戶累計的積分將於二〇二四年二月十五日過期失效，請儘快兌換以下智慧家電數位產品、羽絨衣等商品。」大部分顧客在初次看到訊息時，都會不自覺的點開連結查看。結果發現，可以兌換的商品除了要積分，還需要付錢。再仔細一看會發現，要付的錢基本上與各大平臺上該商品的定價一樣。積分基本沒有什麼價值，只是商家玩的一種小把戲，其真正目的是為了讓顧客掏錢來買這件商品。

這是一種變相的推銷方式，即使某些顧客一開始並不是這家店的會員，也會一開始就直接給他們一些積分。這些積分雖然沒有價值，兌換不到任何產品，但是當顧客得到之後，它們就成了自我的一部分，在他們心中打上了「我的」標記。大腦自我強化的意志來自將自我的資源價值最大化。如果直接放棄這些積分，就會感覺自己不能將自我的資源價值最大化。這會讓顧客有一種無能感，深深感受到自我的侷限。大腦為了消除這種負面的感受，會驅動其繼續投入，以強化自我掌控感和價值感。免費給的積分本身毫無價值，它的價值來自在使用者看到資訊的瞬間，**大腦將其標注為「我的」，這才使其有了價值**，也才有了驅動人們消費，以把這些積分兌換掉的資本。

很多手機應用程式，在推播訊息時也會採用這種方法，只要顧客下載應用程式，即可獲得二十元現金。這意味著使用者看到資訊同時就獲得了二十元，這些錢就好像已經在自己的口袋裡了，如果不去下載，就失去了這些錢。這就是「連到，即得到」的效果。

當然，「連到，即得到」，並非僅限於積分和現金這些具體事物。比如，有個漢堡品牌在手機上推出了一款一元的漢堡。一元的漢堡相當於免費，顧客只要看到這個資訊就會搶購。這樣一來，他們到店兌換漢堡時，就可能會進行更多的消費。

讓顧客有所得並不單指得到好處、利益，也可以是得到機會和幸運。讓使用者看到資訊的瞬間，獲得一次抽獎或者體驗的機會，比如轉一次轉盤、從箱子中摸一個球、砸一個金蛋、體驗一次美甲等。

同樣的，商家也可以讓顧客在連結的瞬間感到幸運。在抖音裡，有的直播主會說：「這是幾十萬部影片中的一部，能滑到是你的幸運，是這部影片選中了你。」有的直播主還會說：「你的品味不差，這都讓你滑到了。」這就在告訴大家，滑到本身就是幸運，你們就是那位幸運兒。這會讓用戶感覺不看就葬送走了到手的幸運，擔心幸運以後不會再來；「幸運兒」的身分則會產生強烈的自我強化作用。所以，用戶獲得這種與幸運的自我連結的機會時，會試圖抓住，耐心看完影片。

讓商品打著「我的」標記

還有一種讓顧客「連到，即得到」的方式，就是當對方注意到產品時，感覺產品已經是自己的了，透過特定的表述方式，讓顧客有一種已經得到的感覺。最常見的案例，就是採取「第二人稱表述」。

房地產推銷員就時常運用這類表述方式，向顧客介紹房子時，他們會這樣說：「這是您的廚房，這是您的書房，您要是不喜歡可以在這個地方做個小隔間。」他們開口閉口都是「您的」，為顧客營造一種房子已經是自己的了，自己和這個房子很配的感覺。這就是在利用「連到，即得到」的方式與顧客建立連結。

「連到，即得到」是讓使用者在與產品接觸的瞬間，產生「這是我的，我在其中」的感覺。神經科學家研究發現，任何物品成為「我的」那一瞬間，也就是與自我建立連結的那一刻，大腦都會產生一種被稱為「P300」的體驗峰值。這是一種強烈的自我感覺良好的狀態。連到，即得到就是試圖啟動用戶的自我感覺。

稟賦效應（Endowment Effect，又稱「厭惡剝奪」）認為，當一個人擁有某件物品時，他對該物品價值的評價，會比擁有之前大大提升。這都是因為大腦打上了自我標籤，把這些物品和想法變成了自我強化的工具。請記住，**顧客只會留戀打著自我標記的商品**。

讓顧客得到的目的，是為了讓他們借助得到之物和得到心理來強化自我，感受自我。這其中最重要的就是先讓大腦得到，讓使用者感覺到產品已經是自己的了。

讓大腦先得到就完成了交易的八〇%，接下來的成交只是輔助流程。我們一定要明白，在這個世界上，對顧客來說，一個產品是否有價值，完全要看它是否打著「我的」標記。

05

商品人格化

我們不要告訴顧客該怎麼做，要讓他們自己「對號入座」。想讓顧客對號入座，就得使他們在產品和品牌資訊中找到和自我的相關之處。當顧客產生一種「這不是在說我嗎」的感覺時，產品和品牌就與之建立了連結。圍繞這種感覺與顧客建立連結的方式有兩種，一種是「人格化關聯」，另一種是「個性化鎖定」。

我們先來看一下什麼是「人格化關聯」，這是指將描述產品或者品牌資訊的情景、語言、畫面以描述人的方式展開。人格化關聯有兩個功能，一個是讓顧客感受到產品「物超所值」，一個是讓顧客更容易對品牌和商品產生自我投射。

首先，是實現對產品和品牌本身價值的超越。產品和品牌本身存在侷限性，它的價值就等於它實質上的價值，但若想讓它成為顧客自我強化的工具和管道，就必須讓顧客感受到「物超所值」。

例如，韓國知名洋芋片品牌好麗友（Orion）的品牌包裝方式，讓顧客感覺到，零食不再只有充饑的功能，還具備了社交功能，這樣一來就實現了對產品的實際價值的超越。這種超越性，讓顧客試圖透過產品來自我強化，透過分享好麗友，來表現自己是喜歡「交朋友」的人，是合群的人。

「人格化」就是產品和品牌完成價值超越的重要途徑，當產品和品牌被賦予了人的特質，它們就會為顧客帶來自己正在與一個活生生的人互動、對話、交流的感覺。人格化會讓產品和品牌變得有溫度、有生命力、可互動，不再冷冰冰。其次，讓其具有了深遠的內涵、意義、情感。顧客喜歡依附強大、積極、正面的事物，當產品和品牌中融入了積極、正面、強大的品質，就有了幫助顧客突破侷限的資本。

人格化關聯的第二個功能，是讓顧客產生自我投射，更容易感受到產品和品牌與自我的關聯。心理學家伯特蘭·佛瑞（Bertram Forer）教授進行了一項實驗。他讓學生們做一份性格測試問卷，然後發給每位學生一模一樣的結果報告。接下來，教授讓學生們對報告是否與自己相符進行評分。我們先不揭曉評分結果，來看看學生們收到的是一份什麼樣的報告。

報告的內容如下：「……雖然人格有些缺陷，但大體而言你都有辦法彌補……有些時候你外向、親切、容易接近，有些時候你卻內向、謹慎、沉默……」看到這樣的報告內容，你是不是感覺好像也是在說自己？我們來看一下那些參與實驗的學生都有什麼樣的反應。調查結果顯示，八五％的學生認為報告內容與自己的性格相符。也就是說，大部分人都認為這份報告說的是自己，與自己的性格很吻合。

佛瑞教授的這項研究顯示，人們常常認為一種籠統、普遍性的人格描述，能十分準確的說明自己的特點，這種心理現象叫做巴納姆效應（Barnum Effect）。當產品資訊採用一些含糊不清的描述形容人們時，他們很容易認為這說的就是自己，自動對號入座。這就是在產品資訊中為顧客設置的「座椅」。之所以說是「座椅」，是因為這其中採用的是一種模糊、籠統、普遍、廣泛的人格詞語來描述產品和使用者，這些描述人格的詞語一方面能夠調動人們思維的主動性，在其中找到自我的「位子」；另一方面給了大腦發揮的空間，使其發現與自我相關的因素。所以，我們很容易感覺到「這就是在說我」。人格化關聯的這兩種功能，會使顧客更願意與產品和品牌建立連結，也更容易在其中發現與自我的相關性。

要為顧客打造「座椅」，首先我們可以為品牌和產品賦予人格，也就是用塑造人的方式去打造品牌和產品。我們前面說過，成功的品牌，都為顧客虛構了一個可能的自我。我們之所以喜歡某個品牌，是因為我們希望透過消費產品，成為品牌塑造的人。所以，在設計品牌和產品時，請問問自己：「我要塑造一個什麼樣的人物形象？是探索者、挑戰者、開創者，還是其他形象？」因為打造品牌和產品，就是在打造可能的自我。就像 Levi's 塑造的性感、青春、活力的人格形象，這會讓顧客認為只要穿上它的產品，就能擁有品牌塑造的人格形象。

泰國減肥藥擬人化案例

泰國有一款減肥藥的廣告，就將產品人格化。廣告中有一個身材完美的模特兒說：「我之所以能有這麼好的身材，全是因為一個人。」說著便吃下了一粒白色膠囊。下一個畫面是在一條空曠的路上，一粒超大號的膠囊裡爬出一個員警。他一出來就攔下了前方駛來的車，要對車輛進行檢查。當他發現車裡全是肥膩的肉時，他表示司機違反了規定要抓起來。

司機不服氣，說這些肉從嘴巴進來要到肚子裡去，這條路已經走了二十多年了，從來都沒有問題。正當他們激烈爭論時，一輛摩托車開了過來。員警也毫不猶豫的上前將其攔住。司機說自己要前往大腿，但是他什麼都沒帶，員警打開摩托車的油箱聞了聞說：「摩托車油箱裡有油，也不能通過。」兩個司機聽到這話認為員警一定是瘋了，問是不是所有帶油的東西都不能過去。員警非常肯定的回答他們說：「對。」

這時員警發現摩托車司機的臉油油的，嚴肅的說：「你的臉太油，你也不能進去。」一位司機問員警是誰。員警回答說自己是幾丁聚糖（Chitosan），可以吸附食物中的多餘油脂，來自一種減肥藥。

看完這個產品廣告，你是不是認為這個減肥藥一定很有用？這就是採用人格化的處理方式，將產品擬人化了。廣告發揮的作用，就是與顧客溝通。產品會說話嗎？肯定不會。顧客能理解產品的那些工藝和配方嗎？很多時候不能。將產品人格化就在產品中類比了一個人的形象，利用其與顧客溝通，他們就能直接的理解商家要傳達的資訊。就像減肥藥的表現方式，會讓使用者感覺「這說的就好像是我對油脂的憎恨和抗拒」。

另外，**在描述產品特質時，我們也要將其人格化**。比如，我們把產品和品牌包裝用的紅色叫做「戰鬥紅」，把灰藍色叫做「頹廢藍」，把綠色叫做「青春綠」等。這樣一來，顏色就被注入了某種靈魂，很容易成為顧客表達自我的管道和工具。如果只是說紅色、藍色、綠色，那麼它就僅指一種顏色，與我是怎樣的一個人沒有關係。

產品和品牌在與顧客進行互動時，也要採用人格化的互動模式。其中最簡單的做法，就是將文案和資訊轉換成對話模式，而不是自說自話。比如，叫車軟體滴滴的廣告語，如果是「解決人們的出行問題」，顧客看了並不會認為與自己有什麼關聯。但如果改成對話模式，顧客就會認為是在和自己說話，是在說自己。比如，滴滴專車使用的廣告「今天坐好一點」的旁白是這樣描述的：「如果做不成超級英雄，至少做自己的英雄。全力以赴的你，今天坐好一點。」這就好像是一個真正為自己著想的人，在與自己互動交流。這就是對話模式，可以讓每個人都感覺「這是在跟我說話，這說的是我」。

在將產品和品牌人格化時，要注意三點：

第一，有關品牌和產品的任何資訊，都是在與顧客打招呼。你在與客戶碰面時，都怎麼打招呼？有了這個概念，你才會從溝通的角度去理解設計、文案等。

第二，不同的產品和品牌，要採用不同的描述口吻。也就是說，不同的品牌和產品，面對不同的使用者要扮演不同的角色，比如兒童產品與使用者溝通時，最好採用老師、媽媽或者小朋友的口吻，這樣使用者會更容易沉浸在這種對話之中。

第三，在採用這種打招呼的思維時，一定要意識到一個核心問題——場景。我們在什麼場景下與顧客「打招呼」？超市的貨架上、網店的產品頁，還是電梯或者地鐵的看板上、店鋪門口或者店鋪內？這些場景，決定了你採用什麼方式與顧客打招呼。

人格化關聯強調的是，人們能透過廣泛模糊的人格資訊，自主感受產品和品牌與自我的關聯性，從而讓顧客渴望透過品牌和產品來強化自我。

06 針對受眾量身訂做

「個性化鎖定」是指，透過商品和品牌資訊，與顧客的個人特徵和需求建立關聯。包括星座、生肖、身分、職業、年齡、地域、相貌等，這些個人特徵和需求比較有針對性。一旦商家採取了「個性化鎖定」的行銷策略，就會為顧客帶來一種「量身訂做」和獲得特別關注的感覺。如此一來，產品和品牌瞬間就與他們建立了連結。

我們先來看產品和品牌資訊，如何與顧客的身體特徵有所連結。在銷售過程中，讓產品資訊與顧客的身體特徵建立連結，會大大提升成交量。有些服裝的推銷員，會在顧客試穿衣服時告訴他們：「這個款式很適合您的臉型。」、「這個顏色和您的膚色很相襯。」等，這都是在讓產品與顧客個人的長相等身體特徵建立相關性，這樣的關聯會讓他們感受到，產品好像是專門為自己量身訂製，特別適合自己。這樣的推銷方式之所以有效，是因為這種個人化的關聯，讓顧客感受到自身受到重視。

當產品資訊與顧客的姓名有所連結時，顧客也會因為這種連結對商品產生興趣。例如，可口可樂曾推出印有姓氏的可樂瓶，都是在為顧客特設「專座」，讓他們感覺這是為自己量身訂製的。這樣一來，產品就與我們緊緊的連結在一起了，即便是把可樂喝完了，也捨不得丟掉瓶子。在直播間，如果直播主能夠提到進入直播間網友的名字，或者與其互動的網友名字，這些網友就會願意在直播間停留更長時間，同樣也能提升他們的下單率。

所以，要提升直播間下單率的第一個方法，就是多點名、多互動。這就是當資訊與使用者個人資訊連結在一起時，達到了自我強化的效果。這樣一來會啟動大腦中的多巴胺，讓顧客更容易從產品中看到可能的自我，從而積極的下單。

將產品和品牌與個人的心理需求連結在一起，也能提升它們在顧客心中的價值。有款飲料把包裝設計成許願公仔的樣子，顧客可以將自己的願望寫在瓶身上，然後把公仔的一隻眼睛塗黑；如果願望實現，再把另一隻眼睛也塗黑。這樣一來，如果願望沒有實現，顧客也不會將瓶子丟掉，因為擔心丟掉瓶子後自己的願望會永遠無法實現。若是願望實現更不會把瓶子丟掉，因為他們會擔心自己把好運一起丟掉了。這樣一來，就將產品與使用者的個人願望連結在一起，大大提升了產品在顧客心中的價值。

每個群體都有一些固有的特點，比如二胎媽媽、三十五歲脫髮的職場男性、愛晨跑的人。當產品的受眾是某個特定群體時，商家要學會篩選這個群體的基本特徵，然後將產品的賣點與這些特徵連結起來。這樣使用者在看到這些內容時就會對號入座。

我們還可以借助手機與顧客進行更加個性化的深層互動，這會讓其感覺這個世界圍繞「我」轉。有一些商家會用一些小測試來導流，比如，旅遊網站會為顧客推送一些小測試，讓顧客輸入更多個人資訊，如性別、年齡、收入、愛好、職業等，從而分析顧客適合去什麼地方旅遊。這樣的操作更聚焦也更精準，更能達到自我強化的目的。隨著網路與人工智慧技術的發展，我們可以越來越精準的為顧客提供服務，這使多巴胺能夠更加深度的驅動商業成長。

牢記一點，觸發顧客消費行為的終極目標，是提升產品與使用者個人的相關性。產品與使用者沒有連結就沒有價值。而我們做行銷時，並不是要講好產品的故事，而是要講好客戶的故事，一切行銷策略都只有一個目的——與顧客的自我建立連結。不以這個目標為出發點，都是無效行動。被關注、被重視、被特別對待，這是每個顧客的渴望。

以上和大家分享的五種與顧客建立連結的方法，是為了讓大家掌握與顧客建立連結的深層原理，而不是一個範本，大家要學會舉一反三。這五種連結方式可以單一使用，也可以疊加使用，疊加使用的效果會更好。

第3章

怎麼讓人「再度光顧」

01

我們都是守株待兔的農夫

一旦建立連結，顧客的意志就會升級為一套新的模式——強化連結的意志，這套模式存在的意義，是為了確定連結確實存在。比如，顧客第一次享受四折優惠，那麼他們就會希望重複享受四折優惠。因此，大腦會命令人們反覆嘗試，確定能再次體驗優惠。大腦建立連結後，強化連結的意志會繼續啟動大腦中的多巴胺，從而驅動顧客的重複行為。

我們再來回頭看看前面提到舒茲教授的實驗（見第七十頁）。猴子從管子喝到果汁後，在接下來的實驗裡仍會連續幾次喝到果汁。這時，牠們的大腦會同時釋放多巴胺。如果你認為是因為猴子喜歡喝果汁才啟動多巴胺，那就錯了。當猴子無意間喝到果汁時，牠們並不認為果汁與管子間存在必然連結。猴子面對大腦中新建立起來的不確定連結，會產生新的連結意志以確定它確實存在，能夠重複喝到果汁。猴子帶著這種意志，在接下來幾次喝到果汁時，大腦都會釋放多巴胺，這是強化連結的意志在驅動猴子進行重複行為——去進一步確定連結確實存在。這個階段多巴胺驅動的重複行為，來自大腦將偶然變成必然、不確定的連結，變成確定的連結的渴望。

我們都聽過守株待兔的故事，農夫偶然在大樹下撿到兔子，接下來變得渴望強化這種偶然性。於是，農夫每天都在樹下等著兔子來撞樹。這就好比你吃第一口漢堡後，會一口接一口的吃。這就是當我們與漢堡建立連結時，大腦渴望確定這種連結確實存在，渴望確定下一口吃到的還是這個味道。在這個階段，大腦會釋放多巴胺以面對新的連結，驅動我們確認下一口真的可以吃到。吃了幾口後，大腦認為確實能不斷吃到漢堡，才會放慢速度細細品嘗。

我們一定要意識到，在導流獲客階段與顧客建立連結只是開始，占據他們的心智、與其維持長期關係才是更長遠的目標。如果你認為把顧客拉到群組裡，讓他們購買了一、兩次產品，就算與他們建立了連結，那你就大錯特錯。另外，很多時候商家與顧客建立連結的策略很簡單、直接、粗暴，比如直接贈送折抵券、回饋現金、打折等。這樣的連結模式無法持續。因此，我們要在與客戶建立連結後，借助他們強化連結的意志，來重塑和深化連結。

強化與客戶的連結，就是在提升、深化其價值；而提升與深化顧客價值，就是在強化其對產品和品牌的意志。沒有意志就沒有價值，也就沒有多巴胺。所以，提升價值就是擴大多巴胺的反應空間。我們要讓多巴胺的反應不侷限在某個產品、環節、行為、場景，而是要將多巴胺的活動空間「結構化」，讓大腦持續的獲得可能。將顧客導入一個有無限可能的模式裡，才是強化連結的目的。

強化連結的思維，是將與顧客的連結結構化，這決定了品牌和產品的運作機制是否成熟。我們要學會從使用者、產品、通路、社會的角度去深化與他們的連結模式。同樣的，我們要把連結的功能界定清楚，系統性的計畫與執行——有的連結是為了吸引潛在顧客，有的是為了獲得利潤，有的則是為了提升連結頻率，有的是為了決定連結深度。請記住，單一的連結模式無法與顧客維持長期而穩定的關係。

強化連結的模式，決定了顧客是否真正將產品與品牌，當作自我強化的工具和管道，及它們具備的競爭力。強化連結的思維，代表商家是否具有經營顧客關係等重要能力。如果這個環節做不好，即便商家擁有大量的客戶也留不住。記住，顧客關係需要經營。**一個真正具有競爭力的品牌，一定有一套如何將他們持續留在身邊的模式和機制**。如果這套機制不完善，顧客離開、品牌垮掉是遲早的事。接下來，就讓我和大家分享五種借助顧客強化連結意志，重塑和深化與其連結的方法。只要將這五種方法靈活運用到你的商業模式中，他們就不會離開。

02

消費行為的富蘭克林效應

在與顧客建立連結的初期，他們會產生「確定能持續且重複從商家獲得利益」的渴望，商家要學會借此重塑和深化與他們連結的模式，不然就等於無法留住客人。畢竟商家初次與顧客建立連結時比較需要下功夫，又是回饋現金，又是提供免費的試用、試吃品，但總不可能每次都給他們同樣的優惠或好處。

重塑和深化與顧客連結的第一種方法，就是「增加連結的籌碼」。增加連結的籌碼是指，藉著客戶對連結強化的意志，在原有連結上增添附加條件，讓對方意識到新的連結只是一種偶然，而不是必然，如果想重複上次的連結，會需要付出更多努力和代價。這樣的強化模式可讓商家與顧客的連結變得更有彈性。

當顧客第一次從商家那裡以五折優惠喝到咖啡時，會渴望接下來能有第二次、第三次機會，這個時候他們的渴望是「重複以五折喝到咖啡」，但是商家不可能讓他們一直以五折優惠繼續消費。這時，就需要借助其意志，來改變他們以五折優惠喝咖啡的連結。例如，當客戶喝第二杯咖啡時，就要增加「轉發給三位好友」、「儲值」、「一次購買三杯」等附帶條件，才能繼續享受五折優惠。這樣客戶就意識到，以五折優惠喝咖啡是有條件的。

很多商家只知道打折，但不知道如何重塑與客戶「建立在打折和優惠基礎上」的連結，結果就是不打折顧客不買，打折後商家自己賠錢。

當然，透過增加附加條件重塑與客戶的連結，是比較短線的連結強化機制，是種急功近利的重塑方式。這也許能留住使用者一次、兩次，但無法多次使用。

重塑與顧客連結的主要目的，並不是為了將訂單和一次性利益最大化。多巴胺經濟與傳統經濟的區別，在於它將核心目標設定於「挖掘並獲取顧客更多的價值」。隨著商業的發展，以「獲取直接利潤為目的」的商業模式，變得越來越難以持續，而以「獲取顧客更多價值」為目的的商業模式，才是能夠長期經營的方法。

重塑連結的第一個目的，是為了獲取顧客更多的價值。所以，重塑連結時要讓顧客付出更多努力、精神，甚至是智力。產品和品牌與顧客的連結效果與其投入度有關。我們都知道「富蘭克林效應」（按：Ben Franklin Effect，意指人們在幫助某人後，會更喜歡對方的心理現象），要盡可能的讓顧客付出，不斷麻煩他們「幫忙」，就會提升他們對品牌和產品的好感度。

舉例而言，你在很多的直播間都可以免費領福袋，但領取有條件，比如必須加入粉絲團、追蹤帳號、在討論區互動等，滿足了這些條件才能免費領福袋。這樣一來，福袋的價值在顧客的心中就會大大提升。這其中的根本原因，也是因為顧客的投入度增加了，福袋的價值才跟著提升了。

重塑連結的第二個目的，是塑造品牌與產品在客戶心中的優勢和絕對地位。例如，推出一些普及咖啡知識的猜謎遊戲，顧客只要過關就能得到一次優惠。這樣讓顧客在建立咖啡認知連結的同時，潛移默化的提升了他們對品牌的認知。不然顧客根本不知道什麼是好的咖啡豆和好的烘焙方式。

積極主動的提升顧客對產品和品牌的認知，就能建立優勢。這裡還潛藏著一個我提出的心理效應叫「說者優勢」，意思就是，當顧客關注到品牌廣告時，會認為廣告中的產品是正統、專業、優質、值得宣傳的好選擇。例如，同樣是牛奶品牌，誰做廣告或誰站出來表達自我，顧客就會感覺誰更優質，值得選擇。這就是說者優勢的心理效應在發揮作用。

這就像社群上一些分享法律、健身或教育知識的版主，關注他們的內容時，會認為他們是專業的，是該領域的專家，擁有較高的水準。但他們在領域中，真的有比其他人優秀嗎？不見得。然而他們站了出來，進入顧客的視野，占據了有利位置和絕對優勢。當品牌積極的為顧客普及一切關於品牌和產品的知識時，說者優勢的效應就會產生。此時，商家就在打造品牌優勢。這樣一來，品牌便實現了與使用者深度連結的目的。

我們一定要明白，連結只是開始。商業的核心邏輯是一套深化與顧客連結的模式。我們的目的是與他們建立深度的價值連結，而不是簡單的價格連結。所以，想提升價值，就要增加其對產品的投入。當顧客投入程度越高，背後創造的價值越大，因為產品對他們的吸引力來自其借助產品、進行自我強化的意志；而投入的意志越多，顧客與產品和品牌的連結也會變得更加緊密。

03 利用返還，產生連結

重塑顧客連結的第二種方法，就是「減少顧客的負擔」，意即利用回饋金額或折扣的方式，來重塑與使用者的連結，從而創造更大的、更持久的商業價值。

透過此邏輯重塑與顧客連結的案例如下：有的健身房採用了「收取三千元的會員費，一年之內顧客只要來健身二十次，就將金額全數退還」的策略。看到這，你是否對於商家能從哪裡賺到錢感到納悶？其實他們看上的並不是這三千元的會員費，而是更大的報酬。

成為會員後，顧客每次健身都有私人教練陪練，這等於是商家借助回饋的方式，創造了二十次與客戶深度互動和接觸的機會。私人教練可以借此加深對顧客的了解，與其建立起更深的情感連結和信任。在這種狀態下，私人教練會向其推薦蛋白粉，以及更高階的課程，甚至是其他的健身衍生產品。有了深度連結的基礎，客戶會更容易接受教練的推薦。商家便是利用返還會員費的方式，來重塑與他們的連結，從而獲取更多價值的收益。我們要明白一點，只有與顧客建立深度的連結，才能創造更大的、持續的商業價值。

用返還的方式重塑與顧客連結的第二種方式，是**減少使用者與商家連結的負擔、累贅、顧慮、疑惑等**負面因素，以此來重新塑造與顧客的連結。

如今的電商平臺每天都在舉辦促銷活動，這讓顧客產生疑慮，擔心是否「前腳買，後腳就可能降價」。這樣的心態會讓顧客即使有購買需求，也會等待大型促銷活動來臨時再出手。

大型電子商務平臺京東，曾為了打消顧客這種顧慮，推出了價格保護措施。顧客購買後的一週或者半個月內，如果產品降價，可以申請價格保護，系統會自動退還差價。這樣一來，就打消了客人怕買虧的顧慮。

這其中顧客的消費行為已經產生，連結已經建立，商家還能積極的將利潤回饋給顧客，目的是重塑與他們的連結。從表面上來看，儘管回饋的是只有少少幾元，卻建立起了人們對其的信任。這就是商家的精明之處。

有些線上買菜的平臺，也在採用減法的方式重塑與使用者的連結。比如，一斤白菜的價格是一元，你買了兩斤，付了兩元。當商家配貨時，會主動退給你幾角（按：人民幣一角大約等於新臺幣〇．四四七元），因為一顆白菜不一定正好兩斤。其實你已經付錢了，即便差幾角，也不會斤斤計較。畢竟我們在菜市場買菜時，遇到這樣的情況我們也會說：「算了，不用找了。」對於這種顧客並不是很在意的行為，為什麼線上平臺還要刻意為之？目的就是藉此表現平臺的嚴謹性，以此提升人們對它的信任感，打消顧慮。這就是平臺有意利用返還的形式，來塑造與顧客的連結。

這邊再舉一個例子，大家可以思考看看，直播間如何提升下單率。我們一定要意識到一個問題，客戶不下單的最重要原因是他們有顧慮，比如產品能否解決自己的問題，或者產品不像直播主描述的那樣等。這些顧慮導致他們一直蹲在直播間，遲遲不行動。

這時直播主應該怎麼引導顧客下單？答案就是告知顧客隨時可以退換貨。直播主可以這樣說：「這款產品有運費險（按：臺灣稱為「貨物運輸險」，或簡稱「貨物險」），您收到貨喜歡就留下，不喜歡可以退回來。」這就是透過積極主動消除客戶顧慮，來提升下單率的一個重要方法。

如今不少消費者之所以依賴網購，有三大政策功不可沒，它們重塑了網購與使用者的連結模式，也徹底消除了顧客的疑慮。這三大政策分別是：七日無條件退換貨、差價返還（按：即價格保障或買貴退價差之機制）、運費險。

我們與顧客的連結並非一成不變，得要隨時獲悉他們的心理需求，透過重塑連結來維持與他們的連結模式。例如，高糖、高脂、高熱量的食品很容易讓客戶在食用時產生罪惡感，如果品牌不能及時消除他們內心的擔憂，重塑與顧客的連結模式，就會漸漸失去原本的市占率。

前些年可口可樂的銷量連續下滑，最重要的原因，就是消費者開始偏好健康的飲品。可口可樂公司意識到了這一點後，推出了五百毫升以下的小包裝，結果銷量出現了逆勢增長的情形。這其中最重要的因素就是，小包裝減輕了顧客喝可樂時的罪惡心理，又滿足了他們想喝可樂的渴望。這就是透過改變包裝的規格，重塑顧客的連結。

多巴胺不但能為我們渲染正面的可能，驅動我們的行為，也會透過渲染負面的可能來抑制我們的行為。當顧客心中產生負面可能時，商家就可以借用「返還」與「縮減」的方式，來改變與他們的連結。

04

重複的渴望，健達出奇蛋

重塑與顧客連結的目的有二，一個是打造「循環機制」，另一個則是打造「閉環機制」。我們先來看如何透過重塑連結打造「循環機制」。

「循環機制」指的是，將客戶與商家的每次互動都當作新的開始，而非結束。很多人問我如何讓顧客的消費行為持續，通常會提出這個問題的人，並沒有掌握與客戶互動的「循環原理」，而是把與他們的互動當成了「僅此一次的行為」，只看見單次消費的訂單、行為、目標、促銷活動、單一產品，沒有把它們看作一個循環機制。設計產品、品牌與使用者的互動模式，在很大程度上就是在設計與顧客的循環互動模式。

首先，我們來看看如何在一份訂單上啟動循環機制。最簡單的方式就是完成訂單後，商家要想辦法讓客戶分享訂單內容與使用過程。例如，有的奶茶店在賣奶茶時，會送一個貓臉的紙杯套，顧客喝奶茶時，貓臉的圖案會正好擋住他們的臉，遠遠的看上去就像一隻貓在喝奶茶。這樣又萌又可愛的設計，會促使我們拍照、上傳社群媒體。顧客都渴望表達，但是商家如果沒有提供表達的平臺，就錯過了借助顧客傳播產品的機會，限制了雙方的深度連結。

有的線上店鋪收運費，在顧客提交訂單時會顯示收取十元運費，但是如果他們再投入兩元，就能以十二元的價格享有一個月的免運優惠。大部分顧客都會選多付兩元，享受一個月的免運費。如果沒有這一個月的免運費，顧客也許消費這一次後就再也不會來了，但是買了一個月的免運費服務，他們便會惦記著去享受這項服務，不然感覺就虧大了。其實商家的目的並不是收兩元，而是透過這樣一個小小的舉動引發我們的重複行為，開啟與商家的互動。

有些連鎖便利商店的智慧支付系統，會在顧客結帳的時候彈出限時一．五折搶購的產品，消費者本來沒有購買意向，看到一．五折就會想要購買，這是在付款前彈出的提示。在其付款成功後，智慧支付系統還會跳出不同的促銷活動。比如，顧客消費了三十．五元或者二十．七元，系統會提示儲值三百元或兩百元，則本次消費可以獲得折扣或免運優惠。一般情況下，顧客都會選擇儲值。如果消費的額度比較低，只有幾元，比如三．九六元，系統則會提示「恭喜您！天選之人，下次下單時可享有免運」，顧客下次消費時可以直接從付款中抵扣三．九六元。付款前加購、付款後儲值減免或者免運費，都是智慧支付系統在試圖將其導入循環互動中，持續為他們開啟可能，不給顧客溜走的機會。

線上平臺的循環機制

我們必須意識到，顧客的消費行為並不是只能創造一次價值。某購物應用平臺就在挖掘客戶消費行為的二次價值，只要透過該手機應用程式下單，每消費一百元就可以獲得五十元的金額回饋。顧客可以用利益返還在該平臺進行二次消費。這就是不把客戶的購買看作單一的消費行為，而是將其看作創造價值行為的開始。

再來，讓我們看看如何針對「行為」啟動循環機制。在抖音上，只要用戶需要，它就會不斷為他們推送內容；它不會主動停止和暫停與使用者的互動，這樣的互動沒有邊界。透過循環機制來啟動與受眾的互動，只要他們不停重複滑動欣賞影音內容的行為，系統就會不斷為其製造可能。用戶之所以重複一個行為，就是因為每一次重複都可以獲得一次可能，他們就有可能看到自己想看的內容。

我曾提出一種與使用者循環互動的模式，叫「黏連式互動」。什麼是「黏連式互動」？就是以同時能達到兩個目的的方式進行互動。比如，你送給對方一朵玫瑰，同時也想讓對方回你一個吻。送玫瑰的行為背後既有送人的目的，也有啟動他人行為反應的目的。

我曾為某購物平臺設計過的母親節行銷活動，就採用了這種互動模式。活動是邀請顧客參加母親節「超級禮物」的養成計畫，只要點擊參加就會領取到一份「電子版的康乃馨花束」，同時轉發到自己的社群。好友按讚後，電子花束就會開出一朵新的康乃馨花朵。按讚越多、電子花束開得越繁茂。重要的是好友在按讚的同時，也會領到對方回送的「電子版的康乃馨花束」。這個按讚的行為既是送出母親節祝福，也是收到他人對自己母親的祝福。這就是一個行為的兩種目的。

一旦使用者觸碰這種「黏連式互動」模式，就會將其導入一個循環，開啟了一系列互動。關鍵是誰也不會拒絕他人對自己母親的祝福，都很樂意收到這樣的訊息。正是這種心態，才促使這個活動在社群能夠被快速傳播。

有些直播間也把循環互動做到極致。在某些直播間可以免費領取福袋，領取福袋時，會自動發一個口令，這個口令的設置很重要。有的直播間將其設置為「趕快到左上方領取紅包，我真的領到了」。每個領完紅包的顧客發的口令，都會成為激發其他人積極參與的觸發器。這樣一來不斷有人領福袋，不斷刺激別人去領福袋，不斷的往直播間引流，形成了一個有效的循環機制，促使更多人進入直播間。

透過遊戲與產品產生循環機制

接著，我們來看如何根據一個「目標」啟動循環機制。比如，遊戲是將一個通關的大目標分解成了一個個小目標，與玩家展開循環互動。只要玩家開始玩遊戲，就進入了一個循環，過了一關又一關，升了一級又一級，復活了一次又一次。系統的目的就是不讓玩家停下來。循環大都在不同的場景中展開，比如先是過河，再翻山越嶺，然後穿越森林。在不同場景遇到不同的挑戰，完成不同的任務。循環要遵循的原則是每一次的循環和重複，都要導入不可複製的因素。在其中，玩家不斷的獲得疊加感、進步感、累計感、增長感。這樣的自我強化機制，是使玩家沉迷其中的根本原因。

最後，我們來看如何圍繞一個「產品」啟動循環機制。圍繞產品設計循環機制的基本方法，就是產品進行「自我推翻」，重新開啟顧客對產品的渴望。比如，小朋友們之所以會重複購買健達出奇蛋（Kinder SURPRISE），是因為裡面的小玩具模型都不一樣。如果拆開發現是自己沒有的小玩具，那麼他們就多收集了一個玩具。得到產品的一瞬間，讓一個可能變成了現實。而如果是自己已經有的小玩具，這也算是驗證了一個可能。不管裡面是不是自己喜歡的小玩具，在打開的瞬間，都驗證了一個產品承載的可能。所以，顧客得到一個出奇蛋的同時，就在製造買下一個出奇蛋的需求。這就是產品啟動的循環機制。一旦顧客開始購買，購買行為本身就會啟動下一次購買行為。

有些商家把生意做到了極致，一旦與顧客建立連結，就會將他們「鉤」住。我們以購車為例，顧客買車後就需要買內部裝飾、定期做保養、定期洗車，還需要年年保保險。圍繞車產生的循環互動，在顧客購買車的那一瞬間便啟動了。買車時商家給顧客一個保養手冊，上面清晰的標注著什麼時候該換什麼，以及該做什麼保養等。如果你是分期付款，還需要每個月還款。這並沒有結束，當你貸款還得差不多了，商家又向你推薦新車款，告訴你這個時候是換車的最佳時機。如果這時不換，接下來你的車會越來越不值錢。於是在商家的說服下你又換了一輛新車。這些都是商家在與顧客建立循環互動——不斷的交錢，不斷的授權。同樣的，真正有戰略眼光的品牌，會持續與顧客建立連結。

我們一定要有循環思維。如果與客戶的互動終止於他們走出店鋪的那一刻，或在訂單成交時，這會是你作為一個生意人最大的缺陷和損失。經營品牌就是在與顧客產生循環互動，這樣的模式才是使其保持忠誠的前提。我們一定要明白，如果在與顧客的互動中沒有導入循環互動，品牌的行銷成本會越來越高，品牌和產品對顧客，也會也越來越沒有吸引力。

循環互動就是持續為客戶創造和開啟可能，唯有持續為其提供可能，才能持續對他們有吸引力。顧客的數量和增長潛力，取決於產品對其的吸引力。沒有持續的吸引力，顧客的數量再多，也不是你的；增長潛力巨大，你也留不住。所以，不管在什麼階段，是產品的初期、發展期還是成熟期，也不管採用什麼樣的市場開拓方式（社群行銷、內容行銷、社交行銷等），都要先想好如何持續與顧客的互動。

商家的營銷之道，應該是思考如何與客戶持續互動。而那些無法持久發展的品牌根本就沒有循環思維，它們總是盯著當下。說到底，它們沒有能力與顧客進行循環互動，當然也就沒有持續發展的可能。請記住，與顧客的互動只有開始沒有結束。如果你沒有做到這一點，就不要輕易與他們建立連結。因為在與顧客建立連結的一瞬間，就已經註定你將失去他們。

05

其他品牌都無法介入的親密關係

重塑與顧客連結的終極目標，是為了打造「閉環」（Closed-loop）。什麼是閉環？它不是牢籠，也不是迷宮，而是讓客戶願意沉浸其中的「安樂窩」。當產品和品牌成了客戶表達與實現自我的管道和工具，閉環便真正實踐了「我中有品牌，品牌中有我」的理念。當產品和品牌成了自我的一部分，客戶會對其產生依賴，並且反過來像維護自己一樣維護品牌。這樣一來別的品牌就很難再介入，閉環便形成了。

品牌和平臺的閉環由四個面向建立起來。第一，形象閉環；第二，產品閉環；第三，服務閉環；第四，價值閉環。

打造閉環的基礎方式，是設計「形象閉環」。形象閉環可以讓客戶直覺將其與其他品牌區分開。一個品牌，從商標到吉祥物、色彩、圖案、包裝到店鋪設計，整個VI（Visual Identity視覺識別系統），其實都是在打造形象閉環；品牌形象的設計風格越鮮明，越容易與其他品牌區別開來。打造形象閉環有四種功能，一是不容易被模仿，二是容易被識別，三是製造差異，四是留住客戶。但是，很多商家打造的品牌形象只具備了前三種功能，沒有第四種功能。原因就是他們打造品牌的形象只是流於花俏的形式，比如有些品牌設計很時尚、很有個性，店鋪裝修得很闊氣、很現代，吸引許多顧客去打卡拍照。但這樣的形象閉環只具備了「打卡」的功能，缺乏留客方法，其背後的原因就是沒有形成產品閉環、服務閉環和價值閉環。

打造閉環的第二種方式就是建立「產品閉環」。要建立產品閉環，就必須打造出具有獨特性的產品。獨特性一方面來自減少與其他產品的相容性，另一方面來自突顯產品的與眾不同。例如，蘋果的產品採用獨特的介面、系統、設計等，你買了一臺蘋果電腦後，慢慢的會購買該品牌的手機、耳機、手錶等產品。因為一旦你用了蘋果的一款產品，它就會滲透你的生活。蘋果以獨特的產品思維，重塑了與眾不同的生活方式。

獨特性在很大程度上意味著排他性。獨特性讓顧客感覺到使用這樣的產品，就表現了與眾不同的自我。這種獨特性成了顧客表達自我與眾不同的管道和工具。我在先前的著作《自增長》中提到，每個人都在追求獨特性。獨特性是自我價值的展現。如果產品不能展示使用者的獨特性，那麼對顧客來說，它的價值有限，顧客對它的依賴也有限。產品是使自我與他人區別最直接的方式。「產品閉環」的核心邏輯，就是讓顧客渴望借助產品的獨特性，來強化自我的獨特性。沒有自我強化功能的產品無法建立閉環。

這裡我們必須強調一點，閉環一定是建立在具備一定品質產品的基礎上。好的產品可以獨立形成閉環，不需要形象、服務和價值的加持。如果產品本身不具有吸引力，品牌試圖透過行銷、銷售、服務建立起閉環，非常難。例如，一個咖啡品牌的產品本身有問題，即便它的服務和行銷做得很全面，顧客也不會再買它的咖啡。閉環都是以好產品為根基構建起來的。

第三種打造閉環的方式是創造「服務閉環」，以打造極致服務的方式實現。若產品合格，那麼服務閉環就能發揮錦上添花的作用，閉環就會更加穩固。江南布衣這個服裝品牌，以不到一〇％的顧客，為品牌創造了高達六〇％的營收，歸功於它們一套深化和重塑與顧客連結的會員服務系統。

這套系統會針對顧客進行分級管理，為較活躍的使用者提供個性化服務。比如，該品牌針對個人提供形象設計和穿搭設計，以及會員生日優惠，還有免費的清理服務、先試後買、免退貨的服務等。

我們來思考一個問題：為顧客提供這些服務的目的是什麼？一定是提升他們體驗。所謂服務，不只是制定一些會員專屬權益及保障條款，更是一種提升消費體驗的手段。比如，會員生日享受五折優惠，是為了給顧客製造良好的體驗感——讓顧客感到被重視。一定要記住，我們為顧客提供的任何服務，都是在塑造和深化他們的自我感覺，借助這種感覺影響其生活和行為，引入美好、理想的生活狀態。若是服務脫離使用者體驗就不叫服務。

某知名購物平臺也設置了會員專屬權益，在會員生日那天會送他們一些「代幣」，價值六元，消費時可直接折抵現金。起初顧客在生日當天收到這樣的生日禮物會很開心，感覺自己是重要的客戶。可是過了幾天系統會提示代幣已經過了有效期、失效了，他們便會瞬間對平臺產生強烈的厭惡感，因為這讓顧客馬上意識到，原來這是在借生日的機會收割「我」。這樣的會員系統根本沒有做出閉環的效果，平臺渴望顧客忠誠也是奢望。其實，大部分的會員系統都不是從使用者體驗的角度出發，都是機械式設計。當然，這樣的設置也不具有閉環的功能。

美國詩人羅伯特・佛洛斯特（Robert Frost）指出，我們在築牆之前應該知道把什麼隔離出去，把什麼圍進來。我們只有明確知道要區隔哪兩者，才知道該怎麼打造閉環。不然，閉環就形同虛設。

從品牌形象到獨特的產品思維，再到極致的服務思維，這些表面的、可見的、可操作的打造閉環的方式，其深層目的都是打造使用者的自我強化機制，讓顧客感受到「我」是怎樣一個人。所以，形象閉環、產品閉環、服務閉環，都是為了在顧客的心中樹立價值的高牆，形成「價值閉環」。

讓品牌與顧客的自我信念相連

在一九九五年，星巴克發展成一個家喻戶曉的品牌，它有優質的產品，也與顧客建立了良好的關係。但在競爭日益激烈的市場上，各咖啡品牌如雨後春筍不斷冒出。星巴克如果僅靠產品品質和現有的品牌價值去競爭，很可能會受到市場的衝擊，尤其在其奉行宗旨模糊不清時。就像舒茲說的那樣：「你走在大街上，一路走來可能會看到好幾家咖啡廳。你怎麼知道哪家的咖啡最好喝？我們必須有一種先入為主的方式來表達品牌理念，讓自身與其他的競爭對手從本質上有區分。」

如果沒有從根本上與其他品牌區別的軟壁壘，人們很可能把星巴克和其他品牌弄混，星巴克就喪失了競爭優勢。因為顧客追求的任何事物都是為了自我化，而這個自我化的工具和管道沒有突破他們的侷限性，那麼它的價值就極其有限。比如，顧客喜歡迪士尼（Disney），因為它承載著家庭、歡笑、夢幻的價值理念；喜歡Nike是因為它承載著運動精神、一往無前的價值理念；喜歡星巴克是因為它承載著浪漫、時尚的價值理念。只有品牌承載了鮮明的價值理念，才能成為自我強化的工具和管道。

閉環最後要回到使用者的自我層面，否則顧客對產品、品牌的依賴都非常有限，強化連結是透過與顧客的互動提升其自我感覺。我們應牢牢記住，讓顧客產生依賴的不是某個具體的產品，而是這個產品帶給顧客的感覺。商家創造的價值並不僅僅是一個產品，而是為我們提供了一種生活方式，一種自我強化的模式。

打造閉環就是在建立與顧客的連結優勢，當然連結優勢就是競爭優勢。在現代商業社會，很多時候商家並不是在賣產品，而是在販賣與顧客的連結模式。比如，抖音、微信、蘋果、星巴克等平臺和品牌，其實是在打造一種與使用者的連結模式，而不是在賣產品。

希望各位讀者能記住，真正的閉環是品牌讓我們堅信「我」是怎樣的人。當品牌與顧客的自我信念相連時，堅不可摧的壁壘就形成了。

06 創造鮮明的層級感，金卡會員

品牌與平臺成長的空間，來自其為顧客開啟的自我空間。沒有自我空間就無法產生持續的可能。無法持續承載可能的空間，當然也就沒有增長的空間。要創造成長空間，必須達成三項指標，分別是：鮮明的層級感、自我增長感及自我表達性。

若希望能創造增長空間，首先要給顧客空間感，也就是讓他們感受到具有區別度的上下、前後空間層級感。某餐飲品牌推出一種會員分級制度，顧客累計消費到一定額度，會升級為不同等級的會員。會員分級從低到高分別為紅海會員、銀海會員、金海會員和黑海會員。其實這種標示會員級別的方式效果不佳，會員不能一目瞭然的看出差別，因為顏色和金屬這兩個不同元素放在一起，會讓人混淆，無法感覺到鮮明的高低和好壞之分。如果只是用金屬元素來標記層級就更清楚，比如鐵、銅、銀、金，這樣的區別方式會更加一目瞭然。顧客會明確知道自己所處的級別在哪，還有多大的進步空間。

當然商家也許認為用銅、鐵標記會員級別會讓我們感覺不好，其實，會員級別的標記方式就是為了將會員身分區分開，如果不能讓人感受到低層級會員身分的侷限，他們就不會產生成為更高層次會員的渴望。例如，顧客想要成為金卡會員，是因為他感覺自己的普通會員不夠尊貴，限制了自己享受更多的優惠待遇。沒有對普通會員的抗拒，就沒有對金卡會員的渴望。

區別程度越明顯，顧客感受到的可能越大，空間是在為顧客製造可能。空間感不明顯，其承載的可能也會模糊不清。顧客會追著可能奔跑，沒有鮮明的空間感，就會沒有進入的渴望和動力。

所謂「鮮明層級」的直接展現方法，就是利用數字。比如，用一顆星到五顆星表示會員級別的高低；以一到七的數字來表示咖啡的濃度。顧客看到這樣的標記，就會產生鮮明的大小、多寡、好壞的情感判斷。

大腦對可能的渲染是情感線索所激發，情感越清晰強烈，越容易激發多巴胺對可能的渲染。鮮明的層級感就等於鮮明的情感。情感決定了多巴胺渲染可能的方向。所以，讓資訊帶上鮮明的情感，是觸發多巴胺的前提。這也是我撰寫本書的目的。一切有效的資訊都是從情感開始，沒有情感，大腦不知道資訊表達了什麼，與「我」有什麼關係。顧客的自我掌控感和價值感都來自情感。

讓客戶感受到自我增長的可能性

不僅會員系統的設置有助於打造空間，將平臺功能設計得更加全面和有層次感，以及將產品品類設計得更加多樣，都可以創造更開闊的空間。打造品牌空間是相對容易的事情，品牌空間要想成為顧客自我進步、發展、成長的空間，還必須轉化成顧客的「自我空間」，也就是品牌空間要成為可能自我的載體，才會是有效的增長空間。讓增長空間能夠承載可能的自我，就必須符合第二個指標——自我增長感，意指能不能讓顧客感受到自我的增長感和成長感。

將品牌空間轉換成自我空間的有效方式，是透過顧客積極參與、付出來實現，並不是將產品硬塞給顧客。比如，某酒店的會員體系是這樣設計的：只要顧客在一年內住滿十次就可以升級為金卡會員，享受延遲退房服務；在一年內住滿二十五次就可以升級為白金會員，可享受總統套房。他們在酒店消費都可以累計積分，這些積分可以兌換機票、球賽門票等，累計的積分越多，就能換到越多的優質福利。這就是酒店為客戶打造的自我增長空間，而這些空間是顧客不停消費、累計獲得的。

很多平臺與品牌的會員體系只是打造了空間，並沒有轉化成「自我空間」。如某知名購物平臺的 plus 會員，每年會員期限一到就打回原形，一年的會員和兩年的會員沒有明顯的區別。每年顧客都需要購買會員才能享受一定權益，這就導致他們購買會員只是為了享受一些固定的優惠待遇，也導致顧客續買會員時沒有積極性，需要消費時再續約。

這種會員體系的設置，將導致顧客與平臺的連結變成硬性，只是建立在某個特定的硬性指標上。這種模式與顧客自我連結並不緊密，他們沒有將自我投射在平臺上，這就導致顧客不珍惜自己的會員身分。如果顧客的會員身分與年限連結在一起，讓會員年限更久的顧客享受更高級的會員服務，就大不相同了。這樣的會員權益設置就為顧客開啟了進步和增長的空間，他們就會更加珍惜自己的會員身分，會擔心自己多年辛苦維繫的成果被剝奪。

大部分會員系統都存在很大的空間，但與顧客的自我關聯不強、不深的弊病，使系統形同虛設，根本沒有發揮與顧客深度連結的功能。記住，如果與顧客的自我強化意志沒有建立關聯，再大的空間也沒有價值。

自我表達性

顧客的自我強化感，在很大程度上來自其與眾不同的自我感覺——差異感、優越感、價值感。增長空間主要是為了讓顧客展示與他人的與眾不同，體驗自我的優越感和價值感。所以，增長空間的最大作用是自我表達和自我展示。自我表達性，就是打造增長空間的第三個指標。

在直播媒體上，為什麼那麼多人喜歡「打賞」他人，這其中非常重要的原因是，打賞的行為具有表達性和社會互動功能。首先，這麼做的回饋效果很直接，打賞直播主時螢幕上會顯示絢麗的效果，比如出現一個超大的遊艇或者跑車。全直播間的人都知道這位顧客送了大禮給直播主。這種直覺的效果，將顧客打賞的行為視覺化和可感化，這種行為就具備了自我表達、表現功能。

最關鍵的是，打賞行為越多，顧客的身分級別越高。他們暱稱中會顯示標誌使用者身分級別的數字，這個數字越大，身分級別越高，這讓打賞行為成了塑造顧客在虛擬世界身分的一個方式。當用戶帶著這個數字進入直播間，就很容易被直播主點名「（顧客名字）來了」，其他人就能直覺的看到有個「豪氣」的顧客進入了直播間。這些數字成了人們在虛擬世界身分的象徵，當這些數字具備了表達特性，顧客會渴望透過不斷的打賞展現自己的身分，從而實現自我強化的目的。

我們要記住一點，任何的圖形、符號、數字等，如果沒有將顧客空虛、不確定的自我可感化、可操作化，就沒有價值，更不會對其發揮驅動作用。

無論是產品空間、品牌空間、會員空間，還是服務空間等，如果不以塑造、強化顧客的自我感為原則，即使品牌發展空間再大，也無法獲得有效的增長。無論是打造閉環，還是循環核心邏輯，都是在為顧客打造自我空間，沒有空間感就沒有可能，沒有可能就沒有增長。增長空間讓閉環和循環，形成了一個持續有效的自我強化生態。

第 4 章

標籤就是一個鉤子

01

像菸、酒、咖啡一樣讓人上癮

大腦強化連結是為了使其牢固，使連結牢固是為了確定它能夠穩定不變。在舒茲教授的實驗中，猴子大腦中的多巴胺對「喝到果汁」反應了幾次後，居然停止了。如果多巴胺是獎賞細胞或者快樂分子，那麼在猴子喝到果汁後，多巴胺應該會繼續釋放才對，為什麼它不再反應了？顯然的，多巴胺並不是被「愉悅感」和「獎賞」調控，而是受連結的意志所調控。猴子再次喝到果汁，多巴胺不再釋放，這是因為牠連續幾次喝到果汁，大腦中「管子」和「果汁」的連結透過重複配對變得牢固了。「使連結變得牢固」意味著事物之間的關聯確定下來，不再變動。

多巴胺是被自我強化意志所調控，連結還未確立之前，大腦會驅動我們採用方法和策略去確定連結，我們才會有掌控感和價值感，確定連結的行為，也才具備自我強化功能。一旦連結固化，之前不確定的可能變成了確定的事實，努力與不努力都沒有變化。沒有了大腦發揮和表達的空間，大腦不能再從中體驗到掌控感和價值感。讓大腦有強烈掌控感和價值感的是不確定性，是努力掌控的過程。自我強化的意志是由不確定性所啟動，一旦變得確定和牢固，大腦借助事物進行自我強化的意志就消失了。自我強化的意志是多巴胺的開關，如果自我強化的意志沒有了，多巴胺就停止反應。

當猴子重複喝到果汁時，大腦確定管子與果汁存在連結，操控連結的意志不見了，多巴胺便不再產生反應。

大腦之所以時刻在建立連結，是為了將複雜、混亂、無序的生存環境變得有秩序和模式化。在事物之間建立模式和秩序，是大腦進行自我強化的核心意志。這樣，我們才能超越突破侷限，生活在一個穩定，而非無法掌控的世界裡。固化連結的意志來自於自我強化的意志，強化的「我」有能力在這個充滿不確定性的世界生存。

多巴胺的終極目標，是讓不確定變成確定；讓不確定的連結變成固化的連結，從而讓大腦形成模式化反應，也就是「自動化」反應。自動化反應是大腦將多巴胺的手動模式切換成了自動模式。大腦在接收到某種資訊時會習慣性的、機械的、自動的做出某種反應，而不再需要理性決策和思維的過程。

諾貝爾經濟學獎得主康納曼曾提出了一個「快思維」與「慢思維」的理論。事實上，「快思維」就是大腦在事物之間建立的連結固化了，因此做出「不帶意識」的快速反應，它是大腦神經連結固化的結果；而「慢思維」是連結還沒有固化，需要有意識的思考，才能做出決策。連結固化是為了節省大腦資源，從而不費力氣的生存。我們的大部分行為都是依賴固化連結做出的，都屬於自動化反應。

連結固化後的兩種模式化反應

連結固化後，人們會形成兩種模式化反應，一種是機械的、自動的反應。看到紅色的蘋果就認為它是甜的；看到產品包裝上寫著反式脂肪酸為零，就會認為它很健康。模式化反應讓我們一想到遊戲中的某個情景，就會不自覺的拿起手機等。這些行為在很多時候沒有理性可言，只是大腦在接觸相關資訊後做出的習慣反應。人們重複進行的強迫行為，在很大程度上是一種無意識行為。

連結固化導致的另一個模式化反應，則是不反應和不予理睬。在這個實驗中，猴子始終對紅燈沒有反應，其原因就是猴子透過學習，知道紅燈與果汁沒有關係，所以牠才會對紅燈沒有反應。這也是連結固化的結果。但是紅燈真的與果汁沒有關係嗎？不一定。只是這是猴子透過學習，認定的結果。

這裡我們要明白一點，如果機械化反應中沒有渴望和期待，多巴胺便不會產生反應；如果機械化反應中帶有渴望和期待，就需要多巴胺的參與。我們之所以對菸、酒、咖啡等東西上癮，一方面是我們知道，它與一種穩定的感覺緊密的關聯在一起，只要吸菸就會獲得那種愉悅的感覺；另一方面是大腦對這種關聯的確定感，大大提升了我們對這些事物的渴望。只要我們與這樣的事物連結，就可以讓自己擁有某種狀態。

這種確定和堅信感，讓我們堅信只要與事物建立連結，自我就能進入某種暫時突破自身侷限的可能狀態，這種確定感會讓大腦「上癮」。「癮」是大腦對渴望本身產生了強烈的渴望，這種對渴望本身的渴望，遠超過對事實的渴望。當大腦確定和堅信做某事就能獲得某種好處時，這樣的誘惑就難以抗拒。它讓大腦確定有個可能的自我正在等著自己，只要自己採取行動就能擁抱到可能的自我。我們大部分的癮，都是由對可能自我的堅信和確定引發，不是純粹為了菸、酒、咖啡。任何讓人們上癮的事物都是可能自我的「承載者」。

大部分品牌行銷的核心邏輯，都是在利用大腦固化連結的原理，在顧客的大腦中塑造品牌和商家的確定印象，讓他們確定品牌能表達和塑造自我。如果沒有這種確定的信念，顧客不會對其產生信任感和忠誠度。顧客與品牌和產品的關係，也是從建立穩定的心理關係開始。固化連結是顧客借助品牌和產品強化自我的根基。不然，他們才不會以身相許，借助品牌來表達自我。

什麼是搶占顧客的心智？就是在他們的大腦中形成固化連結，讓他們對其形成模式反應。固化連結是讓顧客快速認出品牌和產品，為其在大腦中留出一席之地的方式。固化連結是商家進入顧客大腦的「免檢」通行證。

接下來，就讓我和大家分享五種利用固化連結，搶占用戶心智的方法。

02 IKEA的一元冰淇淋

在顧客的大腦中植入「鉤子」，是借助固化連結，觸發其模式化反應最常見的方式。「鉤子」是指在人們的大腦中，植入一個固定不變、具有絕對吸引力的穩固連結，這個連結可帶動我們進行消費。一個「鉤子」需要具備三個條件：第一，確定的收益；第二，鮮明的優勢；第三，能吸引顧客產生重複行為。

在宜家家居（IKEA，以下統稱IKEA），你可以記不住別的產品的價格，但是有一款產品的價格你會記住。它就是一元的冰淇淋，它的年銷將近兩千萬個。它固定不變的價格和口感，已經在顧客的心中形成了確定感。每次去IKEA，你都會感覺要是不吃一個一元的冰淇淋就虧了。在IKEA，這種固化的連結不止一個，比如免費的咖啡、九．九元的產品等。當你想到IKEA，就會想到這些固化的連結。

其實，很多女孩週末有去逛 IKEA 的渴望，並不是要買什麼，單純就是想去逛逛。這種說不出理由的衝動的內在驅動力，很多時候只是為了能吃到一元的冰淇淋，或喝杯免費的咖啡。但是，很多人沒有意識到，是這種確定感在召喚自己。

為什麼抖音會成為大眾平臺？其中一個主要原因，是它會分發給每個影片約三、四百點閱次數的基礎流量。這其實就是在用戶心中植入了一個固定連結，只要發影片，就會有固定數量的人看到。

很多用戶發影片，就是為了抖音給的這些基礎流量，因為在他們的心中，流量等於可能，沒有流量就毫無可能。如果沒有基礎流量，用戶製作影片的積極程度會下降。確定的基礎流量在這其中就發揮著「鉤子」的功能。其實，當你真正知道驅動用戶的核心機制是「確定的可能」時，你就知道哪些策略有效，哪些策略無效。承載著確定感的固化連結就像「咒語」，對用戶有召喚功能。

有些超市在「鉤子」的打造上也煞費苦心。它們會將一些大眾的產品以明顯低於市場價的價格，放在最顯眼的位置銷售。比如，將市場價賣七元的砂糖橘賣三、四元。每天買菜的顧客會轉遍社區的每個超市，一旦發現有的超市有這種明顯低於市場價的產品，就在他們心中形成了「鉤子」。

「鉤子」產品都有一個特點，就是讓顧客買到就能得到實實在在的好處。這裡要注意一點，「鉤子」得讓顧客明顯感覺到某個產品具有市場優勢，比如價格明顯偏低、品質明顯更好等，而不是那種每個產品都擁有的普遍優勢。普遍優勢不太容易形成「鉤子」，因為要形成「鉤子」的特點是能讓人先入為主，足夠明顯的優勢在我們大腦中會優先浮現，它是形成「鉤子」的第二個條件。大腦的核心功能是抗拒不確定性，當我們從資訊中獲得鮮明的優勢和確定的好處時，大腦會確定這樣的事情「穩賺不賠」。確定的、鮮明的好處對自我有強化功能，會驅動我們做出積極的消費行為。

打造一個產品的賣點也是利用了同樣的原理，如果**一個產品有一百個賣點，在顧客心中就等於沒有賣點**；唯有商家將一個賣點打造得鮮明和具有絕對優勢，才能對顧客的消費行為發揮驅動作用。比如，一款咖啡有產地、濃香、口感、加工方式等優勢，這些優勢都堆在一起就等於沒有優勢，因為沒有一個優勢能優先浮現在腦海中。如果你只突顯一個賣點，比如喝一杯提神一整天，顧客就會更容易記住。這樣的賣點也更容易驅動我們的行為，原因就是咖啡對自我的強化功能——喝一杯能讓自己長時間保持清醒。總之，商家要先學會打造絕對優勢，而不是普遍優勢。

打造「鉤子」的第三個條件就是重複。鉤子有一個核心功能就是提升顧客消費的頻率，如果它非常具有吸引力，但是重複性低，那麼其效果便會變弱。有的連鎖便利店會把某款三明治或者咖啡的價格定得很低，就是在打造一個「重複」的鉤子。一方面是牛奶、咖啡、礦泉水、三明治等產品本身可以重複購買，可以吃了一個又一個，喝了一瓶又一瓶。另外，這樣的產品有多次吸引顧客進店的機會，比如早晨、中午、晚上，每次吃飯時都有可能吸引這些人進店消費。只要顧客能進店，有很大機率會購買其他產品。

另外，有些賣麵線的餐廳推出「無限免費續麵線」的服務，這是從別的層面在利用鉤子的重複屬性吸引顧客。讓顧客感覺自己選擇這家餐廳，就獲得了免費重複吃的機會，也就是「重複」這個屬性在很大程度上就能形成了鉤子。

鉤子有一個非常重要的原理就是聚焦。一旦大腦聚焦在某個點上，就會放大聚焦事情的重要性，因為聚焦即注意，注意即重要。再加上鉤子製造的確定性，使用者就會產生強烈的衝動，這時它就出現了另外一種優勢——抵抗干擾。比如，一想到一元冰淇淋，就忘了來回車費和要花半天的時間等，而只是執著於一元冰淇淋的便宜。鉤子就是借助固化連結，打造商家在顧客心中的競爭優勢。

03

紅標商品真的比較便宜？

很多時候我們的大腦不只會與「具體的事物」建立連結，也會被視覺上特定的呈現效果或陳列方式觸發反應。因此，只要商家對品牌和產品的呈現形式稍做調整，就會改變顧客對它們的態度和認知。

接下來，讓我和大家分享三種常見能夠觸發大腦產生反應的呈現方式。

①強調即重要

第一種方式是「強調即重要」。日本的某企業曾在超市做過一項研究，他們在超市的顯著位置放了兩款包裝基本相同的巧克力，不同的是，A 款的產品包裝上，大大的寫著「本產品內可可脂含量大於七五％」。結果發現，A 款產品的銷量是另一款產品的好幾倍。之後，研究人員在另一家超市在B款的產品包裝上，大大的寫著「本產品內可可脂含量小於五％」。結果發現，B款產品的銷量，是A款產品的好幾倍。透過對顧客的調查我們可以得知，許多顧客無法識別可可脂大於七五％好，還是小於五％好，因此認為強調什麼，什麼就是好的，因為在他們的大腦中「強調即重要」，所以採用強調的指令來傳達資訊的產品會賣得好。

當我們在超市看到商品有黃標或者紅標，就會認為那項商品在促銷，但其實它不見得有比較便宜。只要在超市顯眼的位置設立產品展示臺，顧客就會認為展示臺上是便宜、熱銷的商品，「強調」是他們快速識別是否重要和好壞的途徑，當顧客可以透過這種方式快速識別出好壞時，就會對自我產生強化。這意味著「我知道什麼是好、什麼是壞的，也知道什麼重要」。記住，能讓大腦快速辨別好壞的銷售方式，對消費者有自我強化的作用，也很容易觸發其消費行為。

②限制即價值

第二種方式是「限制即價值」。讓我們來做個小測試。假如今天有人問你：「

你可以不去想像一頭白熊嗎？」這時，你的理智一定會告訴自己不要去想像，但是你的大腦還是會不自覺的浮現那頭白熊的樣子。這就是大腦在接收到一個「不要想」的指令，激發了大腦的模式化反應，而這個指令的核心模式就是「限制」。限制這個工具，用得好可以產生神奇的魅力和吸引力，只要讓顧客感受到限制，大腦就會啟動模式反應——超越侷限和突破侷限，以此來強化自我。

例如，某款小吃限制每人只能購買一份，這樣就激起了人們吃的渴望。限制是創造價值的核心模式，產品的價值很多時候是透過限制來實現，「每人只能購買一份」會讓人們感覺稀缺和搶手，產品在顧客心中的價值也會瞬間提升。

支付寶曾經舉辦過一個消費獲得獎勵金的活動。每次獎勵的金額都不多，也就幾角，很少能領到幾元，但為拿到獎勵金的條件設置了四、五層限制。首先用戶只能在週日到週四消費，且採用支付寶掃碼付款才能領取獎勵金。領完獎勵金後，系統設置了一個獎勵金翻倍的環節，點擊獎勵金翻倍就會得到雙倍的獎勵金。領完獎勵金後，消費這些獎勵金還有一層限制：用戶只能在週五和週六花掉獎勵金。

為什麼不直接提供用戶獎勵，又為什麼不讓他們隨意消費？原因就是為了使獎勵金的價值最大化。系統設置的每層限制，都是在提升獎勵金的價值，引導用戶深入體驗。如果沒有這些限制，用戶領取獎勵金就沒什麼感覺，用掉獎勵金也沒什麼感覺，沒感覺就沒價值。如果沒有這些限制，很多用戶也許根本就看不上這些獎勵金，是限制這種指令在為使用者製造侷限，從而激發使用者突破侷限的模式化反應。限制是使有限的價值最大化的最有效方法，我們一定要記住，**一旦限制，就會增值**。

③比較即好壞

第三種形式叫做「比較即好壞」。心理學家丹・艾瑞利（Dan Ariely）認為，人們不會用絕對價值對事物進行評估，而是使用「比較」的方法對其價值進行判斷。無法用絕對價值對事物進行判斷是人們的侷限，而超越這種侷限的方式之一就是透過比較識別好壞。所以，比較這種形式就是顧客做出價值判斷的重要方式。舉例而言，只看A品牌的榨汁機標價一百九十九元，顧客判斷不了它是貴還是便宜；但如果與標價三百九十九元的B品牌榨汁機進行比較，他們就會馬上發現A品牌是便宜的。但是一百九十九元真的便宜嗎？三百九十九元的產品會更好嗎？不見得。然而一比較，用戶就會感覺 A 品牌便宜，而 B 品牌的品質更好。

如果你只是告訴顧客商品利用了先進技術，他們沒有感覺。但如果你做個比較，產品的優勢就會馬上顯現出來。例如，有的商家強調他們的牛仔褲採用「赤耳包邊方式」（按：為因應牛仔褲布料水洗後收縮的鎖邊製作技法），但使用者根本不知道這種包邊方式到底好在哪裡。如果你把「普通包邊」和「赤耳包邊」的兩條褲子放在一起比較，顧客馬上就會知道赤耳包邊好在哪裡了，這就是比較的效果。記住，在展示產品時我們要積極主動的進行比較，比較就是在創造價值和彰顯價值。比較的形式是被大腦模式化的，使用得當就會觸發顧客的模式化反應。

大部分時候，顧客是透過比較做出決策。購物平臺的搜尋引擎不但有收集功能，還有比較功能，而對顧客消費產生決定性作用的，就是比較功能。顧客可以對檢索的產品進行各個層面的比較，比如價格、設計、優惠力度等。他們會透過比較，最終決定購買哪個產品。

同樣的，在超市購物也是如此，多個同類產品放在同一個貨架上，有利於顧客進行比較。產品的價格、包裝、材質等差異成了直接的比較資訊。所以，我們一定要有比較思維，意識到我們的產品與其他的產品，是在同一個貨架上競爭。只有掌握了比較思維，產品才有脫穎而出的機會。此外，我們要知道，顧客比較時並不存在客觀的標準，它可好可壞。關鍵是掌握比較的技巧和方法。

除了強調、比較、限制，還有很多形式都在顧客的大腦中被模式化了，只要你巧妙的運用，就能激發他們的模式反應，比如主動展示、重複、放大細節等表現形式，都能啟動顧客的模式化反應。但我們要意識到一點，這些觸發顧客模式化反應的形式都遵循一個核心邏輯，就是都在強化他們腦中「超越自身侷限」的機制。它們都是客戶自我強化的工具。所以，所有與顧客互動的資訊觸發點，都是他們的侷限之處。如果無法掌握顧客及使用者的侷限之處，就只會得到無效的成果。

04

標上產地，商品更高級

我們的大腦中存在各種固化的連結，它們都有一種功能，就是幫助顧客超越侷限。打造品牌與商品就是在利用這些固化連結，觸發客戶腦中的模式化反應。

我們先來看商家如何借助感官的固化連結，觸發腦中的反應。首先是視覺模式，紅色在大腦中與「促銷」、「火爆」、「熱烈」等詞關聯在一起。很多品牌會將品牌的主色調設計成紅色，比如肯德基（KFC）、可口可樂（Coca-Cola）、優衣庫（UNIQLO）等。當使用者接觸這樣的色調資訊，就會啟動顧客模式化反應，驅動其產生接觸、參與的衝動。

再來是借助聽覺模式。在電商大型促銷活動中，有些網購平臺會推出搶紅包的活動。手機螢幕上瞬間散落下很多紅包，顧客可以快速點擊領取，每次點擊都能聽到金幣掉落的聲音。這樣的聲音會刺激大腦，從而使他們非常賣力的點擊螢幕。又比如，手機的訊息提示聲「叮」。當大家坐在一起聊天時，忽然聽到「叮」一聲，大家會不自覺的伸手去拿自己的手機，這就是透過聽覺模式觸發機械反應。

固化連結最重要的功能，是塑造我們對事物的認知。刻板印象就是連結固化後形成的。刻板印象是指，人們普遍認為某個群體的成員，具有某種共同的特點，比如程式設計師喜歡穿格子襯衫、戴眼鏡等。連結固化還會形成光環效應。如果你認為一個人具有某種積極正面的特質，那麼這種積極正面的特質會連結到其他的特質，例如一個人很有名，我們就會認為他很有經營頭腦、很會賺錢、知道該怎麼生活等。

「標籤效應」（Labelling）也是連結固化後產生的。只要我們為某個產品貼上標籤，比如純天然、原生態、零糖、零脂肪的標籤，客戶就會認為它是那樣的產品。我們心中的一切認知偏見，也是連結固化的結果。例如，我們會認為六和八是吉利的數字；貴的就是好的；包裝精美的產品品質也會很好等。許多心理效應的邏輯都來自於連結的固化。

我在《帶感》這本書裡，談論關於觸發使用者感覺控制點的內容段落，提過一個叫「模式預製」的控制方式。大腦總是試圖從資訊中獲取「某種模式」，然後借助獲取的模式做出反應。讓產品入流、入格、入形，就是將其導入情感鮮明的模式裡，觸發顧客模式化的反應。

比如，有兩款防晒衣在款式、顏色、價格上沒有特別大的區別，只是裁剪上有些細微的不同。如果產品介紹指出，其中一款是修身或者運動款的裁剪方式，那麼顧客就會感覺這款衣服更加正統和精緻。又比如說，顧客很難對不知名的咖啡產生好感，但是一旦為其標上產地，如瑞士或者義大利，咖啡的價值就會顯現出來。這就是入格和入流創造出來的價值。也就是在將產品導入了某種模式，並與使用者大腦中某種固化的連結產生關聯後，啟動的模式化反應。

請記住，我們始終是在借助顧客容易接受的連結模式，去包裝他們不容易接受的連結。短影片帶貨，就是利用其容易接受的內容連結模式去包裝「帶貨模式」，這樣他們會更容易接受產品。例如，某款調味醬的影片，其標題是「和大家分享孩子們都愛吃的大滷麵做法」。影片內容會先介紹要準備哪些食材，怎麼處理，接著放什麼。在關鍵的環節會說：「這個大滷麵的靈魂就是這個調味醬，某品牌的調味醬，缺它不可，這也是孩子們喜歡吃這碗麵的關鍵原因。」這樣一來，影片就將「調味醬」與「孩子喜歡吃」緊密的連結在一起，讓顧客感覺要想讓孩子喜歡吃麵，缺它不可。這就是借助內容模式包裝產品，它會讓顧客在不知不覺中看完整個產品介紹。

當然，很多產品和品牌的失敗，問題高機率出在連結的失敗。因為品牌和產品與一些負面的資訊連結在一起。比如，可口可樂曾推出過利用回收的塑膠製造可樂瓶。雖然這是在提倡環保意識，但是很難逆轉顧客大腦中，回收塑膠瓶與垃圾連結在一起的既定印象。如果商家真的加大對這種關聯的宣傳，將對產品的銷量產生巨大的影響。再比如，有的茶飲包裝做成口服液似的濃縮包裝，有些咖啡設計成針管式的按壓包裝。這樣的設計是很新穎，也很方便，但是它們都與一些負面的認知模式——藥——連結在一起。

同樣的，商家也要避免顧客將產品和品牌與不相關的事物連結在一起。例如，有一款酒把瓶子的形狀和顏色設計成了與花露水相似的樣子。顧客看到這樣的設計就會想到花露水，喝的時候總會有「喝花露水」的感覺。這是商家缺乏基本的顧客思維才會造成的失誤。

打造品牌和產品在很大程度上就是建立關聯性。與顧客大腦中某種固化連結產生關聯，就是得到了進入其大腦的「通行證」。

05 品牌心占率，占據大腦的第一反應

提到電商平臺拼多多，你會想到什麼？是不是商品便宜的印象化？平臺創造這樣的認知模式，就是為了讓使用者想到拼多多時，產生模式化的反應，讓拼多多與廉價形成強而有力的連結。

我們來思考一個問題，學習穿搭的目的是什麼？答案是，為了塑造個人特色，好讓他人在看到自己的一瞬間，就能感受到自己是怎樣一個人。穿搭就是為了讓他人快速的識別自己屬於哪種風格，從而觸發他人腦中的模式化反應。

同樣的，打造品牌、平臺的目的也是為了打造模式。

無論一個品牌與平臺有多大，它的終極目標只有一個——打造模式。像京東這樣的購物平臺，為用戶提供的每一項服務和採用的每個使用者策略，都是試圖將其

引導進入一種模式，用模式來啟動他們的模式化反應，比如大型促銷、直播、發放購物滿額優惠券、評論賺京豆（按：電商平臺京東以評論換取積分的活動）、白條服務（按：一種「先消費，後付款」的支付方式）等。這些服務都是為了在使用者的大腦中構建一個消費模式，讓其想消費的第一時間就想到京東。

京東成功的其中一個原因，在於它將各個層面的模式化都做得比較完善。它將整個線上購物的行為系統完整的模式化了。比如，用戶每次在京東購物，快遞員都穿同樣的制服。這就是物流配送模式化。這種模式中有秩序、有確定、有情感，讓用戶獲得了與平臺穩定的連結。而如果是在其他平臺購物，用戶不知道為自己送貨的是哪家物流公司；甚至有時候貨到了，不打開包裹都不知道是在什麼平臺買的什麼產品。模式建立不起來就無法形成固化連結。這樣的購物體驗讓顧客沒有安全感、信任感和親切感，也無法發揮自我強化的作用。

星巴克精心設計了具辨識度的商標、統一的產品包裝，以及個性化的店鋪形象，這一切都是為了與顧客建立固化的連結，讓他們對品牌產生模式化的反應。就像星巴克的創辦人霍華・舒茲（Howard Schultz）說的那樣：「星巴克的每個店鋪裝飾和布局都經過精心設計。顧客在店裡看到的、接觸到的、聞到的或者嘗到的每一樣東西，都有助於加深他們的品牌印象。所有的感官線索都必須符合同樣的高標準。藝術品、音樂等外在的一切資訊，都展現著星巴克咖啡的魅力……」這一切精心的設計都是在將咖啡導入高品質、高檔次、高體驗的模式，讓星巴克和咖啡在顧客的大腦中形成了強而有力的連結，一提到咖啡第一時間想到星巴克。

建立強而有力的連結，就是占據大腦的第一時間反應的優勢。定位理論（Positioning）就是依託大腦模式反應提出的、最成功的品牌行銷理論。「定位」告訴你，你的用戶是誰，你有什麼特別之處。定位理論其實就是讓顧客對品牌形成固化的認知，從而讓顧客對品牌形成模式化的反應。

模式一旦形成，會具有排他性，反過來影響顧客的行為。我們透過對影音平臺直播用戶停留時長的研究發現，用戶的停留時長與直播主的語速和釋放的訊息量存在關聯。直播主語速快，或者直播間多人直播，你一言我一語，釋放大量的資訊，都能增加使用者在直播間的停留時間。之所以會出現這樣的現象，與模式的塑造有直接關聯。為了製造緊迫感，大部分直播主的語速都很快。用戶剛開始看手機，連續觀看幾個直播間，大腦中對直播的模式化反應就形成了，如果用戶滑到一個語速較慢的直播主，就打破了之前的模式，使用者就會不耐煩，一掃而過。

所以，要想增加用戶在直播間的停留時長，就要符合直播塑造的模式。這就是直播模式一旦建立，就會反過來塑造用戶的行為，同時讓使用者對不符合這種模式的直播間產生排斥心理。

多巴胺自我強化理論認為，打造品牌、平臺的終極目標，就是在與顧客的互動中建立模式，因為混亂的模式不會在其心中占據穩定的位置。沒有穩定的位置就沒有夠強的關聯；沒有強關聯就沒有自我強化的功能。人們要的就是借助穩定、確定的事物來強化自我。混亂和無序只能將顧客的自我重新變得空虛和不確定。

06 路徑依賴，不容易逆轉

模式化反應還有另外一種被商家採用的方式，就是「不予反應」。大腦中的固化連結一旦受到刺激，就會自動做出反應。為了應對這種情況，我們可以透過降低刺激和掩飾刺激的方式，讓大腦不要做出反應。

有一款兒童識字的手機應用程式，它讓小朋友們把不同的偏旁部首組合成多個漢字，組合成功，系統就會播放出響亮的音效和炫麗的視覺效果，以此作為答對的獎勵。如果組合出的漢字是錯誤的，系統則不會顯示或發出明顯的回應，僅給出了一個微弱的回饋音效和普通的畫面提示。

這種放大正確回饋，減弱錯誤回饋的做法，正是因為正向回饋會驅動用戶的積極行為，負向回饋會抑制用戶的積極行為。系統這樣設計，是在刻意降低錯誤對大腦的刺激，讓大腦忽略錯誤的決策，從而降低大腦對錯誤的反應。如果系統在答錯時，做出了像答對那樣清晰明確的回饋效果，就會強化大腦對錯誤的反應，讓孩子們體驗到強烈的挫敗感，打擊他們識字的積極度。這樣一來，小朋友對這款識字應用程式就會產生抗拒心理。

所以，在產品的使用中，那些會讓顧客產生負面感受的刺激，要儘量採用弱回饋或者無回饋的策略，讓他們忽視負面的感受，這樣才可以驅動顧客的深度互動和深度體驗。這也是固化連結的應用方式之一。

連結固化會形成一種「路徑依賴」（Path dependence）。路徑依賴從心理學的角度來理解，就是人的行為存在慣性，一旦某個行為固化，就會形成習慣。人們被引入了一個固化的路徑，就會對這個路徑不自覺產生依賴。如果我們不能有意識的調整這種行為慣性，就會任由自己沿著這條路徑走下去。

路徑依賴有益有弊。有益的一面我們已經講很多了，再來看一下它的弊端。其中一個壞處，就是它會讓我們變得麻木，不斷做一些無效的行為。你知道為什麼微商（按：透過微信將商品分享在朋友圈的商人）沒有以前那麼熱門了嗎？我們可以去看看整天在社群上轉發廣告的那些人，你有沒有發現他們發的版面有什麼共同的特點？是不是對於他們的貼文版面，即便不看詳情，也知道他們是在轉發廣告？因為他們發的內容已經模式化了，這樣的模式化一方面會讓他們的工作沒有效率，另一方面會讓顧客對這種模式形成模式化反應——不看。

路徑依賴一旦形成，便不容易逆轉。這是路徑依賴的最大弊端，例如顧客對品牌形成固化連結，品牌要想向其他的領域轉型發展，他們會變得不容易接受。限制不僅來自顧客對其的固化認知，也來自企業自身的固化思維。大部分品牌、平臺、社群走向衰敗的原因都是連結固化。

我們一定要深刻的認知到一點，商家受益於在顧客大腦中形成的固化連結，同時也會受限於這種固化連結。也就是說，商家可以用固化連結給顧客使用「障眼法」，但是固化連結同時也會讓商家蒙蔽自己。這其中的邏輯，就是我們依賴這些固化連結來自我強化，依賴這些固化的連結來感受「我」。商家的路越走越窄的原因之一，就是沒有能力打破自己對路徑的依賴。

第 5 章

自動「腦補」的套路

01 人會自己找線索

大腦的渴望並不會止步於固化連結的意志。一旦連結固化，大腦連結的意志就會進行一次飛躍性的升級，渴望建立「超級連結」。所以，當連結固化後，要想繼續刺激多巴胺釋放，就可以利用大腦建立超級連結的意志。而「超級連結」，指的就是「超越直接連結，建立間接連結」的連結模式。

在舒茲教授的試驗中，猴子重複喝了幾次果汁後，腦中的多巴胺便不再對喝到的果汁產生反應，而是在看到綠燈閃爍才開始反應。值得注意的是，在這個階段，猴子看到綠燈閃爍時，腦中的多巴胺會開始反應；但喝到果汁時，反而不反應了。這是為什麼？

首先，我們可以發現，多巴胺並不只是「快樂分子」，因為猴子在喝到果汁時沒有產生反應。如果產生反應的關鍵是因為喝到果汁的愉悅感，那麼，只要喝到果汁，多巴胺的濃度就應該會產生變化。

再者，多巴胺也不僅僅是獎賞分子，因為這個時候只有綠燈亮了，猴子還沒有喝到果汁，獎賞的情形還沒有發生。當然，多巴胺也不僅僅是對預期獎賞誤差的反應，因為在這個階段猴子只對綠燈產生反應——只是對獎賞有所預測，而沒有真正獲得實際的獎賞，因此沒有產生誤差。

所以多巴胺真是預測獎賞分子嗎？如果是，那為什麼之前猴子在連續喝到果汁時，會啟動多巴胺？顯然的，多巴胺也並非單純的預測獎賞分子。

多巴胺自我強化理論認為，猴子看到綠燈便開始反應，應是由大腦建立超級連結的意志所導致，目的是驅動猴子與果汁建立超級連結，進一步提升對果汁的掌控感。我們一定要意識到一點，這時猴子對綠燈的反應是以學習為前提，是牠們透過一次次的學習，發現了綠燈與果汁流出存在關聯——猴子建立了果汁與綠燈的間接連結。

最近的一項研究發現，多巴胺會驅動大腦對產生獎勵的原因進行關聯學習，也就是說，大腦會透過回顧獎勵出現之前的線索，來推導出是什麼導致了獎勵的出現。猴子喝到果汁時，會推導出導致這個結果的原因是什麼（綠燈的閃爍）。這項研究證實了多巴胺在因果關係的學習中，扮演著重要角色。也正是因為大腦有這種由結果推出原因的機制，才使它找到了綠燈是果汁出現的原因。正因為大腦有了回溯、回顧性的學習，根據結果建立因果關聯的能力，才能夠透過線索預測未來結果。多巴胺在因果學習中發揮著作用，也在預測未來時發揮著作用。這兩種能力都是為了大腦的連結意志而存在，是為了達到更高效、更精準的連結。

為什麼猴子的意志，會升級為建立超級連結？因為大腦產生了由被動連結轉變為主動掌控連結的意志。猴子喝到果汁是直接連結，喝到才能連到，這對於猴子的生存來說存在巨大的侷限性——不可控、不可操作、不能自主連結。這種侷限性激起了大腦突破這種侷限的意志——建立超級連結。猴子想知道果汁什麼時候、什麼情況下會從管子中流出來，想要掌握得到果汁的方法，而不是只有當管子流出果汁時才能喝到果汁。多巴胺對綠燈產生反應，是因為猴子在綠燈與果汁之間建立了超級連結，讓猴子學會主動預測果汁的流出和自主操控得到果汁。建立超級連結大大提升了猴子的自主性和掌控感。

從「直接連結」升級為「間接連結」，是大腦適應環境和掌控環境一次飛躍性的革命。這就好比你吃到一個很甜的蘋果後，在甜與蘋果之間建立了直接連結。接下來你渴望掌握吃到甜蘋果的方法，而不是只有吃到甜蘋果時，才知道它是甜蘋果。在這種意志的驅動下，大腦會積極的搜索與甜蘋果相關的線索，比如試圖透過大小、味道、紋理、色澤、品種、場景等線索來建立超級連結，方便自己在需要、想要吃甜蘋果時找到甜蘋果。這時大腦的意志，是渴望在未來更精準、高效、快速的找到甜蘋果。這就是在建立超級連結。直接連結是靠天吃飯，超級連結則是試圖自給自足。超級連結是自己積極主動的根據與食物連結的線索，去找到食物。

超級連結是圍繞直接連結建立起更快、更超前、更寬泛、更高效、更多線索、更省時間的連結，多巴胺對間接連結的反應，是在驅動我們主動駕馭連結。

人們對大部分事物的感知都得依賴超級連結，因為我們感知到的侷限性決定了我們無法全面、徹底的了解產品、品牌。顧客是根據自己對產品、品牌的了解推演和模擬對其感知，在生活中，誰也不可能為了買瓶洗髮精去了解它的製造技術，也不可能為了買輛車去學習汽車的製造和運作原理，更不可能為了認識一個人去查他的家族史。人們對大多數事物都所知甚少，但也沒有太多的時間進行了解，只能依靠與事物相關的線索來認識它們。

超級連結會引發大腦對事物的模擬和渲染，也就是「腦補」。腦補是在啟動多巴胺對產品和品牌的渲染，讓大腦感受和看到它們承載的美好可能，這會大大增加了大腦對連結的渴望和期待。所以，要想高效的調控顧客的多巴胺，就要在打造超級線索方面下功夫。超級線索是點燃多巴胺的關鍵要素。

廣告導流是為了與顧客建立連結，重塑連結是為了與客戶建立穩定的關係，打造超級線索則是讓使用者隨時認出、想起產品和品牌。線索思維是一種滲透式的連結模式，會在顧客的生活和大腦中，種下更多啟動多巴胺的種子。透過連結線索在生活中的滲透，品牌對多巴胺的調控占據主動權，讓線索在不知不覺中喚起我們對產品的渴望。接下來就讓我和大家分享，五種打造超級線索的方法，讓品牌線索滲透顧客的生活。

02 品牌就是最好的線索

在這和大家分享一個故事。孔子從曲阜到洛陽去見老子，一路風餐露宿，幾個月後，終於到了洛陽城。在城外，孔子看到一輛馬車，旁邊站著一個七十多歲的老人，身穿長袍，頭髮和鬍子全白了，看上去很有學問。孔子心想，這恐怕就是要拜訪的老師了，於是上前行禮，問道：「老人家，您就是老聃先生吧？」老子納悶的問：「你是誰？」

老子很不解，這個風塵僕僕的年輕人，如何一眼就認出了自己。且別說老子納悶，我們也會納悶，孔子從來沒有見過老子，他是怎麼認出對方的？答案是「透過線索」。孔子透過身穿長衫、白頭髮、白鬍鬚這些線索認出老子。沒有這些線索，孔子也認不出來。同樣的，如果沒有商標，我們也無法區分不同品牌，但能透過與品牌相關的線索認出品牌。

首先，我們無法從有限的資訊中，對品牌和商品產生全面的感知，只能以點帶面、由外而內的感受。這些更多是借助間接線索來想像和模擬。再者，品牌很多時候在打造價值觀或理念、概念，顧客不能直接感受到它們的內涵。這時我們就需要借助超級連結，來深化客戶對其的感知。

所以，打造品牌和產品在很大程度上，就是在打造線索，而打造線索也需要遵循「可感」和「可識別」的原則。可感和可識別並不是單純的看見、聽見、摸到，更加重要的是，它能讓線索帶上深刻的情感。因為超級線索的存在，是為了啟動多巴胺的渲染功能，而渲染的方向是由線索帶的情感決定——好的想的更好，壞的想的更壞。大腦一旦從資訊中獲取情感，對資訊的判斷就會出現偏差、被情感影響。

品牌的標誌和符號就是人們感知品牌的核心可感線索。品牌設計的品牌形象，例如京東的狗、天貓的貓、騰訊的企鵝形象等，都是在打造品牌的超級線索。這其中最重要的一點就是，不同的動物帶有不同的特質，能讓客戶產生不同的情感。動物讓品牌情感容易被識別，也容易被客戶想起，容易形成超級連結。客戶接觸到這些線索，同時也能激發他們對平臺的連結。這些線索讓品牌和平臺可感知，而不是一些人、一些辦公樓、廠房、機器的混亂集合。這些線索賦予品牌生命和靈魂。

有效呈現「讓人有感」的技術與理念

產品和品牌採用的技術或理念，很多時候並不能讓顧客直接透過感官感受到。所以，我們對品牌和產品的技術理念的感知，多半要依賴「讓人有感」的線索。比如，有些產品採用了奈米技術等，我們感知不到這些技術，只能借助一些「讓人有感」的超級線索來對其產生感知。

說到乾果，人們會特別關注保鮮的問題。作為中國最大瓜子生產商的洽洽瓜子，在宣傳中強調它們「掌握了關鍵的保鮮技術」，但是並沒有說是什麼技術。當顧客關注洽洽瓜子的資訊時，會想要知道它們到底採用了什麼新技術，這個問題會留在大腦的潛意識中。顧客在接觸產品時，會無意識的尋找相關線索。當他們打開一小包洽洽瓜子時，發現裡面有一大一小兩個乾燥劑，就會認為這也許就是他們的保鮮技術。因為在我們的印象中乾燥劑一般只放一包，大腦會認為一大一小兩包乾燥劑就是恰恰瓜子的「關鍵保鮮技術」。兩包乾燥劑就成了讓顧客感知到產品採用了特殊保鮮技術的感知線索。

再例如，某些品牌的手錶採用了防水技術。如果只是在包裝上標註手錶可以防水，那麼這種賣點就不會讓人有感覺。品牌為了讓這個賣點讓人有感覺，直接將手錶放在裝有水的透明袋子裡，這樣一來，防水的賣點瞬間變得可感，觸達顧客的大腦深處。又比如，電池公司南孚的聚能電池，在底部加了一個紅色的圓環，稱其為「聚能環」。這就是將產品的技術線索化和可感化。

另外，若我們要解決顧客對品牌和產品任何的認知、信任問題，都可以透過可感線索。比如，很多人擔心自己喝的桶裝水是罐裝地下水的「假水」，商家該如何透過可感的超級線索消除顧客顧慮？他們採用了二維條碼作為辨識品牌的線索。只要顧客掃一下包裝封口處的條碼，馬上就知道這桶水是真是假。這就是利用二維條碼這個線索，讓人們產生信任，這樣一來，商家就成功消除了顧客的顧慮。

又例如，有的羽絨衣產品標籤上掛著一個透明的小塑膠袋，裡面裝著幾片絨毛，這其實就是在為客人製造可感的線索，讓他們不用拆開羽絨衣，就能感知到填充的絨毛是什麼樣子。直覺的線索可讓顧客腦補出其內部是高品質的填充物。

記住，無論商家想向顧客傳達什麼資訊，都是透過辨認線索。如果認不出線索，資訊就傳達不出去，大腦就無法辨識出品牌、技術、工藝等。這樣，產品就只是普通的產品。品牌是透過強調區別於其他品牌的識別度，來提升在顧客心中的信任感和確定感。容易被認出和確定，才能使品牌和產品成為我們自我強化的工具，

「容易認出」給了客戶能駕馭的感覺。

這就像我們之所以願意與一個人交往，是因為能判斷對方是怎樣的人，這讓我們有安全感。如果無法辨認對方是什麼樣的人，面對不確定，我們既沒有安全感，也沒把握能和其好好相處，自然也無法和他們展開有效的互動。請牢記一點，顧客會抗拒不確定帶來的侷限。

03

如果啤酒少了泡沫，烤肉沒了「萬家香」

大腦對事物的感知存在「預告片效應」。我們在回想一個產品和品牌時，是由對它的幾個相關線索，拼接起來形成整體印象。就像我們看電影的預告片，幾個畫面拼湊在一起，讓我們形成了對影片的大概印象。所以，在打造產品和品牌時，也要遵循大腦的預告片原則，讓大腦透過幾個超級線索，塑造出完美的產品和品牌印象。而這就需要我們在打造超級線索時採取「多元化策略」，必須從不同層面、角度去打造超級線索。

以可口可樂的動態廣告為例，影片中塑造了各種與產品相關的感官線索。比如，開瓶蓋「砰」的一聲、喝可樂打嗝聲、喝可樂後發出的「啊——」的聲音，這些都是聲音線索；開瓶後湧出的氣泡是視覺線索；喝可樂時的刺激感這是味覺線索等。這些都是圍繞產品打造的感官線索。

打造多條感官線索有一個重要的功能，就是當一條線索失效或者無法獲得時，只要其他線索還存在，顧客就依然能透過這條線索來獲得對產品的掌控感——認為自己喝的還是可口可樂。比如，當你期待開瓶蓋時可以聽到「砰」的一聲時，如果沒有產生這樣的效果，你會很失望。但是看到瓶子裡冒出的泡沫，你馬上會認為這還是自己喜歡喝的可口可樂。如果只有單一線索，而線索沒有出現，那你就會懷疑自己喝的不是可口可樂。

顧客的消費行為一定是在掌控感的驅動下產生。期待的結果沒有出現，就會抑制他們的行為。可口可樂想盡辦法圍繞我們的感官刺激，打造各種超級線索，就是為了容易讓其認出這是「我」喜歡喝的可口可樂，以此實現對自我的強化。

我們要明白一點，咖啡的香氣比咖啡本身更有吸引力，烤肉的香味比烤肉本身更有吸引力，啤酒泡沫滿溢的畫面比啤酒本身更有吸引力，可樂對口腔的刺激比可樂本身更有吸引力，這就是感官線索的魅力所在。感官的刺激線索會啟動多巴胺，增加大腦對其的美好感受。

除了圍繞感官連結打造超級線索，我們還可以設計一些標誌性的元素，作為激發顧客腦補的超級線索。這些標誌性的元素能讓他們不看商標，也識別得出這個品牌和產品。標誌性元素打造的超級線索，讓品牌和產品變得更容易被人們識別，更重要的是，它會成為品牌容易被識別的社會性語言，別人看到這樣的元素，就知道你用的是什麼品牌的產品。打造超級線索在很大程度上可以提升品牌的辨識度。

圍繞時間和空間打造線索

除了圍繞感官和標誌性元素這兩個層面打造超級線索，我們還可以圍繞時間和空間兩個維度來創造線索。

法國有一家超市推出一款及時鮮榨橙汁，名字就叫「最新鮮的鮮榨橙汁」。為了表現產品的新鮮，他們直接在包裝上印上果汁榨出的時間，比如「十六時四十五分」。每一瓶果汁榨出的時間都不一樣，所以，每瓶果汁上印的時間都不一樣。該產品一上市便受到使用者的歡迎，這就是借助時間線索，來觸發顧客對產品新鮮感的聯想。

來自巴西的咖啡品牌貝利（Pele's Cup），為了開啟盒裝咖啡的市場，它們面臨著一個其他盒裝咖啡也遇到過的難題——顧客認為盒裝咖啡不新鮮。這導致大部分的盒裝咖啡銷量都不高。為了證明咖啡的新鮮度，貝利咖啡便採用了在產品包裝上增加能代表新鮮的時間線索。它與當地報社合作。每天第一時間獲得當天的頭條內容，並將新聞印在咖啡的外包裝上，採用這種方式來讓使用者直接感受到自己喝的咖啡是當天生產的。這樣的時間線索，徹底改變了顧客對盒裝咖啡的態度，使產品的訂單量大增。

接下來，看看如何打造空間線索。讓我們思考兩個問題：提到北京，你會想到什麼？談到上海，你會想到什麼？提到北京，我們最容易想到天安門；談到上海，最容易想到東方明珠塔。其實在某種意義上，它們代表了一座城市，標誌性建築就是人們圍繞一座城市建立的超級連結。在人們的心中，這些地標定義了一座城市，是一座城市的核心元素，也是人們認出這座城市的超級線索。如果把你放在北京的一個街道，不告訴你這是北京，你不會知道自己身在北京。人們是透過天安門、鳥巢等標誌性建築的空間線索，才強烈的感受到自己身在北京。很多人到北京一定要去逛逛天安門，不然會認為沒有真正到過北京。這就是空間線索的功能。

起初麥當勞和肯德基剛在國內開店時，會在店門口立一個高高的柱子，上面放一個大大的品牌商標，或者在店鋪的頂部設置一個大大的品牌商標。這其實就是在打造品牌的空間線索。只要顧客看到標誌，就知道店鋪在不遠處。它的存在讓顧客遠遠的就開始期待，在大腦中想像步入店鋪的美好情景。

為什麼要把咖啡館開在人多、視野開闊的街角？因為這樣的空間位置容易讓顧客產生空間上的超級連結。顧客很容易聯想到自己在街角咖啡館，一邊喝著芳香的咖啡，一邊看著街上人來人往的愜意畫面，這樣的場合很容易觸發他們對身在其中情境的想像。

請記住，顧客的掌控感多半來自大腦在事物間建立的複雜關聯。讓更多線索與產品和品牌有所連結，品牌會更容易被人們認出。線索多元化使顧客與品牌的連結變得更具彈性，也讓商家具備了更多點燃我們想像的火種。

04 殺價，也是種購物體驗

我們先來思考兩個問題：

一、免費，會讓顧客有更好的體驗嗎？

二、免費會使顧客感到滿足嗎？

這兩者的答案都是「不會」。如果商家認為顧客想要的是免費、便宜、低價、折扣，那就大錯特錯了。

我們要明白，顧客追求的並不只有免費、便宜、低價、折扣，他們要的是更便宜、更快、更便捷、更容易、更多。如果商家不明白這個道理，就很容易陷入惡性循環。這其中的邏輯是，連結一旦建立，大腦就會想盡一切辦法，讓利益和好處最大化。

商家與顧客建立「五折喝咖啡」的連結後，渴望的感受就會升級，讓他們試圖以更低的價格喝到咖啡。顧客會採用一系列策略，來獲取最大化的好處和利益。所以，創造「策略線索」是滿足客戶大腦連結意志的一種方式。策略線索就是在連結模式中，導入顧客可以操作的空間和因素。顧客可以透過自己的努力，來滿足「更多、更便宜」的心理需求。請記住，客戶要的是更便宜的感覺，而不是真便宜的事實，他們會努力獲得更多的優惠，藉此得到掌控局面的操控感，從而達到自我強化的目的。

我剛投入職場時，發現公司的同事總是能用更低的價格吃到肯德基的套餐，原因是他們有週一到週日的肯德基套餐優惠券。有了這些優惠券，他們總是能以很低的價格吃到自己想吃的食物。我很好奇他們怎麼得到這些優惠券，原來他們有自己的「攻略」，知道在什麼情況下，用什麼方式可以領到優惠券。他們手中有很多這樣的優惠券，每次想吃的時候就會找出對應的套餐券，享受更低的價格。另外，當這些優惠券發到顧客的手中時，還會產生另外一種效果——只要顧客某一天沒有用優惠券，就會認為自己虧了。所以這些券的最大功能，就是提升顧客消費的頻率，當然消費頻率增加了，利潤也就增加了，同時還培養了顧客的消費習慣。本來一週吃一次肯德基，有了這些券，恐怕一週就會有三、四次午餐都選肯德基。

現在的各大購物平臺開發了各種行銷玩法，比如店鋪領券、跨店減免、砸金蛋領券、分享減免等，各種行銷玩法疊加在一起，形成了一系列的購物攻略。顧客只要用心了解就會發現，可以用更低的價格買到自己想要的產品，例如一項產品「兩件五折」的優惠。如果顧客精通平臺的玩法，透過攻略就能以低於五折的價格拿到產品。這樣的設計會在很大程度上增加顧客購物的樂趣，他們可以透過自己的努力直接創造價值。

所以，平臺賣的不僅是商品，還有銷售購物過程和體驗。購物過程越能滿足顧客自我強化的意志，平臺的價值就越大。顧客的自我感覺才是商業的核心，而不是產品本身。

人們都說「買的不如賣的精」，然而不管是買還是賣，都是人在操作。買家和賣家永遠在玩「道高一尺，魔高一丈」的博弈遊戲，這個遊戲的核心是「自我感覺」。商家試圖用各種玩法從顧客這裡獲取更多利潤，但是顧客會想盡一切辦法尋找攻略線索搏回來。例如，買四件才能打四折，很多顧客會先購買四件，然後再退掉三件。這樣一來就可以買一件但享受四折的優惠。在很大程度上，顧客的「鬥智」是商家激發的。

我們再來思考一個問題，為什麼大家在購物時喜歡殺價。原因是殺價有自我強化的功能，讓我們感覺自己有定價權，而不是商家說多少錢就是多少錢。其實，能折價多少並不重要，重要的是，我們要透過殺價的過程，來感受那種掌控局面、有話語權的自我。顧客要的是更便宜的感覺，而不是「真便宜」的事實。

商家要積極的為顧客打造「攻略線索」，將與他們的互動模式導入玩法中，主動提供能讓顧客自我發揮的空間。有了發揮自我能動性的空間，就有了自我強化的管道。透過攻略獲得的收益和好處對自我有強化功能，這意味著顧客在挑戰自我侷限的努力中獲得了勝利。

商業就是意志遊戲，在這個遊戲中誰能最大化的影響顧客的意志、滿足他的需求，誰就是贏家。

05 場景也能觸發購買力

在觸發的線索中，其中有一種對顧客的影響很大，那就是圍繞他們出沒的場景，打造的觸發線索。要遵循以下四個原則：

① 高關聯場景原則

高關聯場景是指，產品最有可能與顧客產生連結的場景。以海尼根（Heineken）曾推出的一款無酒精啤酒為例，人們一看是無酒精就會產生質疑，心想：「這還叫啤酒嗎？」我們說過，顧客會排斥新生事物，那麼商家該如何改變顧客的這種偏好？他們將一批冰箱放在司機們常出現的場所，比如停車場、加油站，將這款無酒精啤酒擺放在其中。任何司機都可以打開冰箱，喝到這款啤酒。

因為不含酒精，司機可以放心喝。這樣一來便打開了市場。這就是將啤酒與司機連結起來產生的效果。

②高頻場景原則

高頻場景是指，顧客頻繁出現的場合。將商品置於高頻情境的案例，醬料品牌老乾媽將其商品與廚師烹飪的場景擺在一起，與高頻場景進行了連結。廚師一天炒盡無數盤菜，一想到用辣椒，就會想到老乾媽。與這樣的場景線索連結起來，大大提升了顧客對產品的使用頻率。

這是一種更加高明的手段，即讓品牌或產品相關的資訊，滲透到使用者的日常場景。很多商家會送小禮品給顧客，但是送的禮品與自己的品牌沒有關係。商家根本沒有意識到送小禮品的目的，是將品牌線索植入顧客的生活中。有些商家在這方面做得非常好，他們把小禮品做成鑰匙扣、抱枕、便條紙、桌曆、手提袋、杯子、雨傘、背包等，這些禮品滲透了顧客生活的每一個常態場景：睡覺時抱著的抱枕會讓顧客想到品牌；工作時看到辦公桌上貼的便條紙會想到品牌……你認為只是送了一個沒有價值的小禮品嗎？其實，商家是在顧客身邊安放了一個隨時讓你想起它的「臥底」。所以，我們可以把這些小禮品設計得精美和實用，讓顧客愛用，這樣做，觸發效果更佳。

有些商家更加巧妙的利用了這種方法，例如，有個賣酒的品牌會贈送顧客瓶套，將其套在酒瓶的外面，變成一個「花瓶」，這樣便遮擋了酒瓶上的產品資訊，讓酒瓶看起來更加美觀。顧客會認為買了酒還得到花瓶，是很划算的事情。這樣一來，雖然酒喝完了，酒瓶卻還存在顧客的生活場景中，形成了再次觸發其對產品渴望的線索。

③沉迷場景原則

沉迷場景則是指，使顧客時常沉迷在其中的情境，例如，滑手機、追劇、玩遊戲等場合。有的雪糕品牌在包裝上印著「低脂、低卡、零糖」的資訊，並且告訴顧客「吃一個雪糕產生的熱量，約等於遛狗十分鐘、看一場電影、逛街一小時消耗的熱量」。你認為這是有效的場景關聯嗎？

其實這樣的場景關聯無效，因為這與顧客的關聯性不高。商家可以將產品的賣點改成「吃一個雪糕產生的熱量，約等於玩一個小時遊戲消耗的熱量；吃一個雪糕產生的熱量，約等於追劇兩集消耗的熱量」。這樣一來產品就與顧客時常沉浸的場景連結在了一起。顧客一旦進入玩遊戲、追劇的場景，就更容易被觸發對產品的渴望，對產品的好感度也會隨之提升。

④必進場景

必進場景是顧客們每天必須進入的場景，例如上下班擠地鐵、坐公車、騎共享單車等。如果產品能與這樣的場景連結在一起，就成了客戶抗拒進入這種場景的「情緒緩解劑」。當雪糕的賣點被改成「擠地鐵十分鐘消耗的熱量」，就會啟動顧客補償心理。顧客就會認為，反正等一下要辛苦的擠地鐵，吃一個雪糕也無妨。

這裡我們要注意的一點，就是場景與情緒的關聯。在尋求與顧客的場景關聯時，一定要考慮到他們處於場景中的情緒。有情緒，與顧客的連結效果就會大幅提升，無論是正面還是負面情緒。怕的是沒有情緒，顧客就沒有強烈的驅動力。

商家要做的是想盡一切辦法，讓產品和品牌的各種資訊滲透到與顧客相關的各種場景，這樣一來就會形成場景觸發線索。場景觸發線索與顧客產生連結，會在不知不覺中增加使用者對品牌和產品的渴望。

06 使用前、使用中、使用後

我們不但要讓線索追蹤顧客的場景軌跡，出現在顧客身處的場景中，還要讓觸發線索與顧客連結得更加緊密，觸發線索「貼身化」。觸發線索貼身化是指，將產品與顧客的行為連結起來，比如語言、動作、姿態、情緒、身體狀態等，形成隨著身體狀況產生變化的觸發線索。身體狀態觸發線索可以在使用者感受到某種狀態時，觸發使用者對產品的渴望。這種貼身線索是與顧客連結最緊密的觸發線索。

使用者的行為和身體狀態可分為三個階段：使用前、使用中、使用後。這三個階段都可以與產品連結起來，形成觸發線索。

首先來看使用前。我們可以假設一種狀態，將這種狀態與產品連結起來，例如，「怕上火就喝王老吉」。也許上火的狀態並沒有出現，但人們總是試圖消除可能存在的隱患。我們當下的大部分意志，都是在解決未來可能出現的問題。一旦將產品與這些負面的可能連結起來，就會觸發使用者對產品的渴望。

如果我們能將問題與某些行為和場景連結起來，那麼這些行為發生時就會刺激大腦對產品產生渴望。比如，將上火與熬夜、吃火鍋、工作壓力大等行為連結起來，這樣一來顧客在熬夜、吃火鍋時，為了避免可能出現的問題——上火，就會想到喝王老吉。與未發生的負面可能連結在一起的線索，是預警式的線索。它的存在可以幫助顧客減少負面可能，讓他們產生掌控感。

接下來看，如何讓產品與顧客當下的狀態連結起來、形成貼身線索。工作時我們總是會睏、乏、累，這種身體狀態會驅動我們想要喝杯咖啡或者抽根菸。大腦一旦感知到這種狀態，就會驅使我們去尋求解決方案。如果產品與這種狀態連結在一起，就能以顧客的這種狀態作為觸發線索。例如，「小餓小睏，就喝香飄飄（按：香飄飄是中國一款奶茶）」、「感覺不在狀態，隨時脈動回來（按：脈動為中國的維生素飲料）」。這就是將顧客的狀態與產品連結起來，為顧客製造一種可能。如果加上一個行動指令「就喝」，就很容易啟動他們的模式化反應——開冰箱去拿或者去店裡購買。

顧客的大腦時刻在試圖超越身體的侷限。顧客在感受到身體的侷限時，會非常渴望抓住「一根救命稻草」。當我們能將產品與顧客的狀態連結在一起、形成觸發線索時，產品就成了他們自我強化的工具。

最後我們來看，如何與顧客完成某一行為後，產生的身體狀態連結起來形成觸發線索。例如，「吃完喝完嚼益達（按：Extra，臺灣譯為益齒達）」，這就是與顧客吃完飯、喝完酒、抽完菸後，存在口氣和口腔殘留食物殘渣的身體狀態連結在了一起。每當顧客吃東西、喝東西時，就會觸發大腦對產品的渴望。又比如有些補水面膜與顧客健身後身體大量缺水的狀態連結在一起，當顧客運動完就會想到用補水面膜來補充一下水分。這其中最關鍵的是，洞悉顧客行為發生後存在的身體侷限。如果這個關鍵點抓不住，打造的觸發線索就無效。

顧客是追逐可能的「機器」，打造貼身線索的核心，是讓他們意識和感受身體存在某種可能，讓這種可能驅動他們的行為。貼身線索是將產品與使用者黏在一起的一種非常有效的觸發模式，也是啟動效果最佳的一種觸發方式。

第6章

在得失之間販售焦慮

01

賠掉的痛苦，大過賺到的快樂

連結建立後，一旦斷開，大腦的多巴胺濃度也會隨之降低，讓人們體驗到消極的感覺，從而驅使人們產生找回、修復、重建連結的行為。

在舒茲教授的實驗中，研究人員打破了綠燈閃爍有果汁流出的規則。他們讓綠燈閃爍，但是不讓果汁流出，切斷了果汁與管子的連結。在這種情況下，猴子看到綠燈閃爍時，大腦會快速釋放大量的多巴胺；但當猴子發現果汁沒有流出時，大腦中的多巴胺濃度會馬上降低——斷開的連結抑制了多巴胺。多巴胺的濃度會使猴子體驗到失控感、失落感和挫敗感。消極的感覺告訴猴子，過去的連結斷開了，這會刺激猴子修復和找回連結的意志。

我們面對挫折和抗壓的能力是由多巴胺決定。研究顯示，小白鼠在面對挫敗時，會採取逃跑和迴避的行為，大腦中某些區域的多巴胺被啟動，抗壓能力就會減弱。如果小白鼠在面對挫敗時積極的反抗和解決問題，大腦中另外一些區域的多巴胺被啟動，則會大大增強小白鼠的抗壓能力。面對挫敗時，逃避和反抗都會啟動多巴胺，因為多巴胺的產生，決定了增加的是負面的可能或正面的可能。負面的可能會促使小白鼠被動的一逃了之，這時抗壓能力弱；正面的可能會促使小白鼠積極面對挫敗，這時抗壓能力強。

由此可見，抗壓能力強不強，在很大程度上取決於，多巴胺讓小白鼠看到的是正面還是負面的可能，正面的可能會大大提升小白鼠的抗壓能力。這也是生活中那些積極樂觀的人更容易成功的原因。因為他們面對同樣的挫敗局面，總是能看到積極、正面的可能性。這種感知正面可能的能力，促使他們一步步走向成功。

我們一定要明白，多巴胺濃度的提升能帶給我們正面的感覺，包括愉悅、歡欣等情緒，驅動人們的重複行為。多巴胺濃度降低則會讓人們體驗到負面的感受，如失落、失控等，驅動人們重建和修復等行為。無論多巴胺濃度升高或降低，只要水平在波動，都是在試圖驅動人們的行為，行為的方向是由大腦感受到的可能決定，負面的可能驅使人們產生逃離和迴避行為，正面的可能推動人們做出修復和追逐的行為。不少研究者只關注多巴胺濃度提升對人們行為的影響，而忽視其濃度降低對人們產生的影響。

那麼，正面的感受與負面的感受，哪個對我們的影響更大？答案是負面的感受。前面我們說過，沒有對負面可能的抗拒，我們恐怕就不會對正面可能產生渴望。所以，負面感受製造的結果可能影響更大，因為很多時候我們對正面可能的渴望，源自對負面可能的抗拒。

康納曼的「損失厭惡」（Loss Aversion）理論認為，當人們面對等量的利得與損失時，損失所帶來的痛苦，遠比獲得同等利益感受到的快樂來得更多。也就是說，人們對失去的厭惡感比得到的愉快感強烈，影響更大。同理，讓人們得到一個連結和失去一個連結，失去更讓人感到緊張，對人的行為影響更大。大腦最怕遇上「不增反減」的情況。

這種負面的感覺讓我們感受到了自身的侷限。這暗示著自己正在成為自己最不想成為的那種人，這違背了大腦自我強化的意志。所以，失去連結對我們的影響更大。很多人之所以活得平庸，就是因為他們把大部分精力都用在逃避不想成為的自己上，而不是用來實現更好的自己。

連結斷開對大腦的影響有五個階段。第一個階段是可能引發焦慮情緒；第二個階段是會啟動大腦修復連結的渴望；第三個階段是積極的為斷開的連結尋找替代連結；第四個階段是主動更新舊的連結；第五個階段是產生習得性無助，徹底放棄連結。接下來，我們將圍繞這五個階段，來分析如何利用這五個階段產生的意志，驅動用戶的行為。

02 限時、限價、限量，讓人焦慮

讓大腦感受到連結隨時可能會斷開或將要斷開，就會激發大腦的緊張和焦慮。這樣一來就會觸發大腦對連結強化的意志，我們的機會就來了。

直播之所以能帶貨，最重要的是利用了顧客對於斷開連結的焦慮情緒。直播時一個產品只給一、兩分鐘的時間推薦。這就意味著機會轉瞬即逝。有些時候直播主還會倒數十秒「下連結」，一個產品只給十秒搶購時間。這就是透過限制來操控剛建立起來的連結，從而引發顧客的焦慮情緒。接下來直播主會說：「平時在別的平臺最少要五百元，今天在我們的直播間只要九十九元，這是我們向廠家申請的全網最低價，別的商家都拿不到這個價格。」這是在限價。

然後，直播主會說只申請到一百套產品，賣完下架，這就在告訴顧客數量有限，如果不果斷下單，想再以這個價格買到就難了。這就是在借顧客對於連結斷開的焦慮，促使他們盡快下單。一百套賣完，他們馬上會反映，有的粉絲沒有買到，強烈要求補貨，然後直播主告訴助理，向廠家申請一下，看能不能再補一百套，還會補上一句：「我看大概很難，這一百套都是爭取了半天才申請下來的。」話音未落，助理就會接著說：「又從廠商那裡搶到了一百套……」這時便會讓顧客有失而復得的感覺。

若你經常做直播主，還會發現一個現象，就是每次快要結束直播時，總是會迎來一波下單的高峰。這也是顧客意識到連結將要斷開，激發了他們的焦慮情緒，於是趕著在結束前下單。

直播為顧客提供了一個與產品最低價連結的機會，同時也釋放了「連結馬上會斷開」的訊號。限時、限價、限量都是在釋放連結即將斷開的信號。這樣的訊號會啟動顧客對連結斷開的焦慮。所以，直播帶貨才對用戶具有強大的驅動力。很多顧客根本用不到直播主推銷的產品，還是會情不自禁的搶購這些產品。其實，大部分顧客購買直播間的產品，單純就是被連結斷開的緊張情緒驅動了。

還有一種借助連結斷開驅動顧客行為的方法，就是在顧客接觸到資訊的一瞬間讓他意識到，自己並沒有與某些事物建立連結，或者自己正在錯過某些連結。這會讓顧客感覺自我正處在無意識的狀態。我們前面說過人們能夠保持身心的平衡，是因為存在「正向偏差」，認為自己既好又對，掌控著自己的生活。當他們瞬間感覺自己與某些事情並不存在連結，或者正在錯過與這些事物的連結時，他們的心理平衡就被打破，進而觸發焦慮情緒。比如，旅行社會告訴你，去某個地方旅遊一定要在三到四月，錯過這兩個月就錯過了最美的季節，這些資訊在顧客接觸到的瞬間，就會讓顧客感覺自己差點或正在錯過，瞬間就會產生焦慮。

顧客普遍認為自己是好的、是對的，掌控著自己的生活。只要資訊中暗含老的、舊的、失去、不確定、不先進、不科學、不適應、不人性、沒發展、沒價值、不大器等資訊，就意味著顧客可能正在成為自己不想成為的那種人。這會讓他們感受到墜落感、邊緣感和失控感。在焦慮的驅使下用戶會渴望抓住救命稻草，以此來強化自我掌控感。這就是現代商業販賣焦慮的核心邏輯。

03 失而復得的渴望

讓顧客意識到連結即將斷開，會觸發焦慮情緒。當連結真的斷開後，顧客修復和找回連結的意志會被啟動。這就好比你有一個玩具不見了，你明明記得它就在某個收藏盒裡放著，可是它不見了——盒子與玩具的連結斷開了。這時你會非常渴望與玩具重新建立連結、渴望找到它，讓它重新回到自己的掌控之中。你會翻來覆去的尋找，就是被多巴胺驅使。其實，你已經很長時間不玩那個玩具了，但是就在連結斷開的那一瞬間，對它的渴望增加了，發誓要把整個屋子翻過來也要把它找出來。這就是連結斷開後，多巴胺濃度降低激發的衝動行為。

我有一位同事曾有過經驗，覺得新買的某款辣椒醬失去了原來的味道。感覺到失去的瞬間，他對原有味道的執念就被啟動了。他先是懷疑自己買錯了，經過反覆核對，發現沒有錯，就是原先買的那款。然後，他懷疑自己買到假貨了，於是又對發貨的商家資訊進行了核對，發現也沒有錯。接下來，他想也許是這個批次的產品有問題，便又買了一瓶。結果發現，它的味道真的與原來的不一樣。也許是商家換了辣椒的品種，很多同事表示根本吃不出有什麼差別，但是在他看來，這種微妙的變化讓他找不到曾經穩定的感覺。

我們說過**大腦是靠線索認出產品**，對辣椒醬的感覺這條線索發生了改變，讓他感覺這不再是自己曾經喜愛的味道了。正是這種失去的感覺，驅動了他做出一系列找回和修復行為。我們該如何利用顧客的這種心理？

有的線上平臺會推出會員免費試用期，顧客可以免費試用一個月或兩個月的會員權益。一個月後，當顧客正在享受著會員權益時，試用期到了。這樣一來，顧客享受的會員權益就被切斷了。斷開的會員身分，會讓顧客瞬間體驗到侷限感和失控感。免郵費、折扣等優惠都享受不了了，這會激發他們想要修復連結的意志。在修復連結意志的驅動下，顧客會儲值會員費。

這就是透過免費的形式與顧客建立連結，在他們享受連結帶來的美好時再切斷，以這種方式讓顧客產生「失去」的失控感，從而喚醒他們「不是的我」——那個失控的我，借助得到與失去的心理落差來驅使其購買會員，就是在利用顧客修復連結的意志來驅動他們的消費行為。我們一定要意識到一點，沒有讓顧客體驗過「失去」，他們就不知道一個事物在他們心中有多重要。很多時候，商家與顧客建立連結，就是為了製造讓其「失去」的機會。因為商家在顧客心中的價值，很多時候是透過失去塑造的。

找回和修復連結的意志與強化連結的意志相似。修復連結的意志是顧客已經建立起來的穩定連結，斷開激發了顧客重新連結的意志。而強化連結的意志是新建立的連結還不確定，渴望將其變得穩定和確定的意志。修復連結與強化連結的核心邏輯都是繼續連結。所以，修復連結和強化連結的方法是通用的，我們可以看一下強化連結的方法。當啟動顧客修復連結時，我們可以藉由強化連結的方法，重塑與他們的連結。

04

無魚，蝦也好

顧客面對斷開的連結，會選擇放棄還是修復，是由一個指標決定的，那就是斷開的連結是否讓他們的大腦感到「修復無望」，也就是有沒有搶救和補救的可能。沒有修復的可能，顧客才會徹底放棄舊有連結，尋求替代連結。這就像有菸癮的人，當他們想抽時沒有菸，就會感到煩躁和乏力。這其實是多巴胺濃度降低時，為人們製造的負面感受。這種負面的感覺，是在驅使人們去想辦法解決問題，驅策大腦盡快找到替代方案，例如，馬上嚼口香糖，或者喝杯咖啡等。

法國的心理學家尼古拉．賈于庸（Nicolas Guéguen）曾做過一項研究。他在一個鞋店裡選擇了一款熱銷的女鞋，將其擺放在店鋪櫥窗最顯眼的位置，並且標上「降價三〇％」的字樣。當顧客看到這條資訊，進店要求試穿時，店員會告訴顧客，店內只有三十五碼和四十二碼，沒有顧客要的尺碼，並解釋正因尺碼不全了，才會特價處理。在顧客遲疑時，店員會向顧客推薦新款鞋。如果顧客感興趣，就會讓她們試穿，但價格是原價，沒有折扣。

研究發現，以熱銷款女鞋引導進店的四個顧客中，就有一人買了推薦的新款鞋。這個資料遠遠高於對照組的資料。當顧客與熱銷款鞋連結無望時，他們不會輕易放棄，而是會尋求替代連結。這就是透過一個比較理想的方案，與顧客先建立連結，然後借助他們的無望感，使其接受替代連結的策略。這個策略中最重要的環節，是如何讓顧客主動放棄連結，方法是讓他們意識到之所以存在理想的方案，是因為一些特殊、非常態的原因，比如尾單（按：因生產過量，多餘的商品）、斷碼。讓顧客意識到理想的連結是偶然的存在，這樣他們才會主動接受替代連結。

房屋仲介就非常善於利用顧客的這種心理。當你在網路上找房子時，總是能看到一些租金很低的房子，看到這樣的租金會觸發你約仲介看房的衝動。結果到了現場，仲介會告訴你房子剛租出去。他們為了消除你對低租金的執念，會找一些理由，讓你意識到低價是一種偶然，比如房子比較老、比較髒、之前的租客違約等，消除你對低租金的執念後，再為你推薦價格高一點的房子，結果就是很多顧客為了低價前往，卻租了更貴的房子。這就是仲介抓住了顧客對斷開連結的替代需求，成功搞定了顧客。這其中的核心技巧就是讓他們放棄低價的幻想。如果這個環節做得不好，顧客很可能會溜走，選擇其他仲介。

有個購物平臺有線上申請產品試用的功能，很多產品都可以申請試用。顧客有每天可以申請十個試用產品的許可權。當你選好想要試用的產品，會發現總是申請不到。因為對於同一產品，線上申請試用的人很多，名額卻非常有限。其實，商家並不是真正想讓顧客免費試用產品，而是想透過這種策略，讓顧客購買。當顧客針對某一產品提交試用申請時，其實他們已經在自己大腦中與產品建立了連結，大腦中已經形成了如何借產品來進行自我強化的情景。

例如，申請試穿的衣服可以搭配自己的牛仔褲等。顧客申請時已經在大腦中建立了連結，產品承載的那個可能的自我已經開啟。當他們多次嘗試申請試用都不能如願時，對產品連結的意志不會消失，而是會在不斷的申請失敗中增強。當顧客意識到無法透過試用與衣服建立連結時，連結的意志就會驅動顧客，將免費試用的連結模式改由購買產品的連結模式替代。平臺採用這種策略，是為了借試用的機制觸發顧客的購買行為，借助斷開連結啟動的意志，讓其接受替代連結。

我們要意識到一個問題，導流與變現的連結不同，並不是一個連結就能解決所有問題。商業中很多無法突破的問題，其實是因為我們在試圖用一個產品、一種模式來解決導流、變現、留存、啟動、重複購買、盈利的全部問題，這時就進入了一種無法突破的僵局中。而一旦將這些環節分開看，讓不同性質的產品發揮不同的功能，解決不同的問題，例如讓低價格的產品來導流，讓高價值的產品來獲利，就會發現，我們面對的許多問題都迎刃而解了。

05 Logo 只能「升級」，不能替換

大腦並不是絕對不能讓連結斷開，而是連結斷開不能激發顧客負面的自我感覺；大腦不能接受的是「否定自我」，這違背了自我強化的意志。我接觸過不少企業家口口聲聲談「創新」，但沒有幾個人能真正做到。創新常被他們當作自我安慰的口號，一旦觸及對舊有模式和自我的否定，就退了回去。他們都無法超越「自我」的侷限。企業家們一方面渴望無限可能，另一方面又非常恐懼否定自我。這樣的心理矛盾導致他們常常在原地徘徊和自我消耗，結果企業被他們「拖死」了。不能自我否定，這也正是大部分商家平庸的根本原因。

人們不能接受的是自我否定，但又渴望無限可能。明白了這種心態，你會發現和大部分人溝通時，他們的大腦始終在做一件事，就是把你說的事情，往自己既有

的認知上套。如果套中，那麼他就會認為不過如此；如果套不中，他就會認為你說的不可靠、在故弄玄虛。人們不會輕易接受你的理念和認知，所以我們一定要記住，自我是非常堅硬的東西，千萬不要不經策略的挑戰顧客的自我。

要想讓顧客接受新的理念、新事物，就要將新生事物偽裝成升級版或者優化的版本。也就是實質內容要採用創新思維策略，對外呈現要採用升級思維方法。顧客要的是更好的自我，而不是被否定的自我。

我們要學會用「更新」、「升級」這樣的詞去包裝產品的創新賣點，不要讓顧客意識到這是一種全新產物。當然了，這也不是說顧客絕對無法接受新產品，只是需要投入更多的行銷成本，才能讓他們接受。例如，線上支付、線上購物、共享經濟等新生事物，哪個不是靠大量的補貼「燒」出來的市場。請回想一下，當初自己是怎麼抗拒線上購物和線上支付的，就會明白了。

新產品與顧客建立連結的方式也是如此。對舊有連結進行升級，是讓顧客接受新連結最有效的方法。例如，蘋果每年都會推出一款更新、升級的手機，而不是推出全新的手機。所以，一個新產品要想快速占據顧客心中重要位置，就要把其包裝成「升級產品」，而不是「全新的產品」。又比如，飲料品牌元氣森林的成功「上位」，也是因為把自己包裝成了一款零糖、零脂、零添加的氣泡水，這是對市場需求的升級，而不是打造一款全新的飲料。這才是它能被顧客快速接受的根本原因。顧客追求的是更好、進步、升級、成長，而不是沒有認知基礎的「空降之物」，這樣的事物有被群體邊緣化和異類化的風險。這是對顧客自我最大化的否定。

產品的升級換代也是如此。有些品牌的產品包裝多年不變，在顧客的心中已經形成根深蒂固的印象。商家為了更新，會直接推翻舊包裝，推出全新的包裝，這非常危險。顧客可能會無法辨識，即便認出也會認為「你」不是「你」了，因為商家摧毀了產品在顧客心中建立的固化認知。所以，產品包裝升級的有效方式，就是保留舊包裝上的經典元素，作為舊包裝升級的牽引線索和過度線索。在這方面可口可樂就做得很好，每次產品包裝的更新，除了品牌商標依舊顯眼，還會在新的包裝上保留可口可樂的經典瓶型圖案。這樣一來即便對包裝做了大的改動，看到這些經典符號，還是會讓使用者一眼就認出這是自己喜歡喝的可口可樂。

我們前面說過，大腦是靠線索識別和認出事物。那些我們精心打造的品牌和產品的線索，就是大腦識別它們的記憶元素。只要這些記憶元素不變，我們就能快速認出這是某經典品牌升級過的產品。

嘗試任何新鮮事物，都有不確定的風險，都是在將顧客引入不確定性，這違背其自我強化的意志。讓顧客接受一個全新的事物，會讓他們覺得是在給自己找麻煩，將自己引入一種不確定的狀態。而如果是在顧客現有連結的基礎上升級，則會讓顧客有自我提升、自我成長的感覺，這是在進行自我強化。所以，要想讓顧客接受一個全新的連結，最佳方案就是將「全新」打造成「升級」。

06 當顧客「習得無助」

借助斷開連結觸發顧客的行為，有一個非常重要的分界線，那就是是否會引發他們的「習得性無助」（Learned helplessness）心態，即大腦透過不斷重複，產生與無望和負面的連結。一旦產生習得性無助，大腦就會放棄連結，失去了影響人們行為的魔力。

美國心理學家馬汀．塞利格曼（Martin Seligman），在一九六七年曾做過一項研究。他把狗關在一個封閉的籠子裡，只要鈴聲一響，就對狗進行電擊。由於狗無法逃脫，只能在籠子裡不停的掙扎和慘叫。重複多次實驗後，只要鈴聲一響，狗就會趴在地上嚎叫，不再掙扎。接下來，研究者在對狗進行電擊前，先把籠門打開。這時，狗仍會接受電擊並趴在地上呻吟和顫抖，而不會逃走。這項研究發現，反覆對動物進行不可逃避的電擊，會使其產生無助和絕望感，最終導致狗放棄反抗，接受電擊。這就是習得性無助。

「習得性無助」是指透過學習，形成的一種無望心理狀態。心理學家發現，在人的身上也存在習得性無助的現象。如果大腦強化和修復連結的意志，透過反覆的嘗試仍不能如願，那麼大腦就會產生習得性無助——放棄連結，放棄修復，接受連結的斷開。這樣一來，我們就無法再借連結斷開觸發的意志影響顧客的行為了。

但遺憾的是，很多商家並沒有意識到這條界線。現在的推銷電話大部分都是採用智慧呼叫，也就是用電腦軟體撥打電話，甚至一些銀行的客服電話也在採用這種方式聯繫顧客。起初顧客會積極接聽電話，擔心錯過銀行的重要通知，比如帳單逾期未繳的提醒等。可是當顧客接聽幾次後發現，是智慧語音系統在向自己推銷刷卡優惠活動，連續兩、三次接到這樣的電話後，他們就會得出一個結論——這樣的電話等於推銷電話，不接也罷。於是顧客再次接到這樣的電話時就會直接掛掉。這種行為造成的後果是，當顧客的銀行卡真正出現問題時，銀行想要聯繫他們，就成了一件不容易的事情。智慧技術可以為我們帶來便利，但是如果只是看到便利的一面，沒有注意到它的侷限，那麼智慧技術也會成為商家和顧客溝通的障礙。

大部分購物平臺都用了許多行銷工具來刺激顧客重複消費。比如，「滿一百減五十」、「天降六元神祕禮券」等優惠，這些行銷策略重複出現在顧客面前幾次後，顧客就會對其產生負面的適應性，失去興趣。因為顧客在這些工具的刺激下嘗試幾次後，發現並沒有享受到真正的優惠和實惠，就對這些行銷方式產生了負面的適應性——我想要的你不給，我不想要的你給。當顧客再次遇到類似的情況就會不看、不用、不參與。這就是為什麼很多行銷工具的使用效果並不理想。所以使用任何策略工具都要注意一個非常重要的因素，就是「負面的適應性」。如果行銷工具解決不了顧客的負面適應性問題就是在自娛自樂。任何機械、重複、千篇一律的行銷工具，價值都非常有限。這就是為什麼很多行銷工具形同虛設。

其實，這種習得性無助與前面講到的模式化反應是一樣的機制，都是連結固化的結果。不過這裡的習得性無助，是透過不斷的嘗試和努力，連結不能再發揮自我強化的作用而形成的不予理睬。而前面說到的不予反應，是認知固化後形成的不予反應，它還具有自我強化的作用——「我知道」。

唯一能切斷與顧客連結的，就是讓其產生了負面的適應性。所以，商家那些沒有誠意的優惠和活動，起初對顧客可能有效。如果照此發展，顧客的每一次嘗試都會成為切斷商家與顧客連結的推手，直到連結徹底斷開。這樣一來，商家就別再奢望透過建立連結來影響他們的行為了。商家的路越走越窄、增長越來越乏力的根本原因，就是他們不具備解決顧客適應性問題的能力。

第 7 章

中獎率低，還是要買

01 盲盒經濟

人們大部分的意志都在應對不確定性，大腦是被不確定塑造的「機器」。我們的大部分行為都是在將一種「可能性」變得確定，都是對自我的一次強化，讓我們感覺離真實的自我更近一些。所以，能夠觸發大腦連結意志的，還有一種連結模式，那就是讓連結變得隨機和不確定。

建立連結後，如果顧客多次嘗試仍不能固化連結，他們就有可能放棄連結；但如果顧客偶爾能建立連結，就會大大增強其連結的意志。隨機連結會持續刺激多巴胺釋放，驅動顧客做出重複行為。在這個時候，多巴胺驅動的重複行為，是為了提升連結的中簽率。

舒茲在猴子的實驗中還設置了一個藍燈。他們把「藍燈閃爍後，果汁流出」設置成隨機的條件，有五〇%的機率出現果汁。也就是說，藍燈亮時，果汁是否流出是不確定、隨機的。受過訓練的猴子，剛看到藍燈閃爍時，其大腦內的多巴胺能神經元（Dopaminergic Neuron）會短暫的被啟動，並且在藍燈閃爍的大約一．八秒裡，多巴胺能神經元的啟動程度會隨著時間延長不斷加強，直到藍燈熄滅時達到高峰。既然藍燈閃爍不一定有果汁，為什麼多巴胺還會反應？這是因為藍燈這個不確定的信號，在驅動猴子的重複行為，以此提升猴子喝到果汁的機率。

美國的心理學家伯爾赫斯．史金納（Burrhus Skinner）曾做過一個小白鼠的實驗，讓小白鼠按一個按鈕就能吃到食物。他把按按鈕得到食物的機率設置成隨機，結果小白鼠像瘋了似的，不停按按鈕。大腦在面對不確定的連結時，需要不斷釋放多巴胺來驅動重複行為，目的是提升中簽率。所以，將與顧客的連結設置成隨機，就能大大增強對行為的驅動力。

著名心理家布魯瑪．柴嘉尼（Bluma Zeigarnik）曾做過一項研究，她讓受試者玩拼圖，在玩的過程中她會忽然叫停，告知一半的受試者不用做了，而讓另一半受試者完成任務。結果發現，沒有完成任務的受試者，更容易記住未完成的任務；

而那些完成任務的受試者，容易將完成的任務忘掉，或不容易回想起來。人們無法忘掉未完成的任務，這種現象被稱為柴嘉尼效應（Zeigarnik Effect）。而此現象發生的原因，就是不確定性對大腦意志的喚醒。不確定的事物會讓大腦投入更多的意志，大腦的意志是確定的，如果無法確定，那麼大腦就會持續運作、不得消停。

如果你經常瀏覽某些影音平臺，就會發現很多版主都會採取一種話術範本，那就是「這幾點很重要，最後一點最重要」，這就是在利用大腦確定的意志，吸引顧客的注意力。顧客很多時候知道這是套路，但是大部分人還是會無法抗拒的看到最後。這是因為大腦一旦關注到資訊，就試圖確定它。如果這種確定的意志無法實現，這件事情就會占用大腦更多的注意力。自我是透過確定感來強化的，如果無法確定，那麼大腦的自我強化功能，就會試圖引發人們的重複行為。人們之所以渴望自我得到強化，不斷尋求自我，就是因為我們的自我是不確定的存在，只有不斷進行自我強化，我們才能感到強烈的自我感。

掌握了這個核心邏輯，可以從以下幾個方向思考，打造隨機連結，從而驅動顧客的重複行為。

①「有沒有」的不確定

有時有，有時沒有。例如，購物平臺的差價回饋，是不確定的。當顧客點擊差價回饋時，有時有幾毛錢、有時有幾塊錢，有時候一分錢都沒有。這樣的不確定，反而觸發了顧客參與的渴望。

②「是什麼」的不確定

近年來，「盲盒經濟」十分流行。從玩具、零食，再到文具、機票、風景區，各類盲盒產品層出不窮，深受廣大消費者喜愛，尤其是年輕消費者。盲盒中確定有東西，但不確定是什麼，只有打開才知道。這其中正是隨機性的因素，讓顧客欲罷不能。顧客的每次購買，都是為自己創造了驚喜。

③「多少」的不確定

亦即獎勵多寡的不確定性。例如，搶紅包能搶到多少是不確定的，有時多、有時少，全靠運氣。這樣的不確定因素，大大增加人們參與的衝動。搶紅包很多時候不是為了搶到多少錢，而是希望體驗幸運感。即便很多時候只是搶了幾毛錢、幾塊錢，但是系統提示你是手氣最佳，你也會體會到一種強烈的自我優越感。

④「時間」的不確定

意即發生時間點的不確定性。例如，你喜歡看一部新網劇，平臺每天都會更新內容，但是每天更新的時間點不固定。這樣的不確定因素，就會驅動你持續關注網站的更新。如果更新的時間是固定的，顧客就只會在特定的時間觀看，不會持續的關注。

很多的直播主都在研究自然流量的問題。他們發現偶爾有一、兩次直播間的自然流量會特別高，但是又不知道這個偶然的機會什麼時候來。直播主們要想遇上這樣的機會，只有每天都播，以此來提升自然流量爆發的中簽率。這就是時間的不確定因素，刺激了直播主的重複行為。

隨機連結能大大增強顧客連結的意志，從而驅動用戶的重複行為。隨機連結製造的不確定性，是品牌和平臺持續保持新鮮感和吸引力的重要因素。要想深度玩轉隨機連結，還需要我們掌握隨機連結中的三個因素：投入、回報、機率。

接下來，我就和大家分享如何借助隨機連結中的三個因素，高效的驅動顧客的重複行為。

02

「我就是那個幸運兒！」

隨機連結的驅動力一部分來自「不確定的回報」。在不確定的預測中，報酬越多，產生的吸引力越大；越少，吸引力則越小。

美國有一家酒店，在顧客預訂房間後，會提示其可多花五美元參加抽獎活動。參加活動會有二〇％的機率可升級為行政套房，有三〇％的機率可升級為高級套房，有五〇％的機率可能什麼也抽不中。結果，大部分顧客都會選擇多付五美元參與抽獎。這就是利用高報酬、低機率製造的可能，吸引使用者積極參與活動。僅僅五美元就能製造一個升級更高級套房的機會，這對很多人來說是求之不得的美事。

買彩券是高報酬、低機率的不確定連結。當我們看到又有人中了幾百萬元、幾千萬元的大獎，獎金又累積了幾億時，中大獎的高回報會讓大腦產生非理性的衝動。但是，我們都買過彩券，中獎的低機率也讓大部分人感覺自己與大獎無緣，抑制了人們購買彩券的衝動。在高報酬和低機率的鬥爭中，你認為人們能戰勝高報酬的誘惑嗎？答案是否定的。不然就不會經常累積高達幾億的獎金了。在面對高報酬、低機率的不確定連結時，人們普遍的選擇是積極參與——多買幾注，為自己創造一個中獎的可能。不然我們會感覺在親手葬送讓自己「翻身」的機會。

當然，彩券高報酬的誘惑也培養了一批職業彩民，他們的主要工作就是研究怎樣中大獎，這就是高報酬的魅力所在。記住，越是簡單的模式，越是有效。但是，模式設計必須符合自我強化的意志。

高報酬也是很多人前赴後繼加入創業大軍的根本原因。商業社會不斷放大創業成功者的收益和回報，這為許多人造成了誤會，讓他們認為創業成功就可以名利雙收，走上人生顛峰，這讓人們看到了無限可能的自我，而忽視了創業的九死一生。高報酬一定與無限可能的自我連結在一起，在可能的自我驅動下，很多人會不顧一切的去創業。

顧客非常容易相信幾乎不可能發生的豐富收益，甚至很多時候會忽視這其中失去的可能。讓我講個小故事給大家聽。十年前，老家的一個親戚打電話給我，他想和我確認一件事情是不是真的。他接到一個來自深圳的電話，說自己的手機號被隨機抽中了十萬元的大獎，領獎前需要先交八千元的稅。起初他半信半疑，後來越想越覺得是真的。但是一想到要先交八千元，他就有些猶豫了。他早就被這種幸運降臨的喜悅沖昏了頭，但是要拿出八千元又是件不容易的事情。糾結時，他想到我在大城市見多識廣，先問問我。我說那是詐騙電話，他還是不相信。他堅信自己的幸運降臨了。每個人都渴望得到老天的眷顧，都渴望幸運降臨在自己身上。

很多人對低機率中的高回報沒有抵抗力。這其中最讓人著迷的就是運氣。運氣就是老天的眷顧，它給了人們一種天選之人、特別對待的獨特感，而幸運感則是提升自我獨特感的核心因素。這對自我來說有一種強烈的連結感。

面對低機率高回報的連結，顧客渴望藉此證實自己是幸運的。所以，只要高回報製造的可能不停止，就會有人前赴後繼的擁抱這種不可能。我們必須明白一點，很多時候顧客要的並不是好處，而是中簽的感覺。中簽的感覺讓顧客感覺自己是幸運者。

03 創造「有機會得到」的錯覺

要想增加隨機連結對顧客的吸引力，還有一個重要的方法，就是提升「可得性」，高可得性給顧客一種一定可以得到的感覺。認知經濟學家康納曼指出，大腦存在「可得性捷思」（Availability Heuristic），這是指大腦處理一條資訊越快、越輕鬆，就越容易相信資訊描述的是事實。先讓大腦「得到」，我們就會認為自己有機會「得到」。

人們之所以相信機率極低甚至是不可能的高報酬，是因為媒體對個案生動形象的宣傳，讓大腦感覺機會確實存在，而且就在眼前。這種可得性案例大大提升了不確定中的確定性。人們參與不確定回報的動力來自信心，那麼信心來自哪裡？來自可得性因素。可得性就是機率的放大器，也是多巴胺的觸發器——觸發大腦「擁抱」可能的衝動。

哈佛大學醫學博士巴里・李察蒙德（Barry Richmond）曾做過一個實驗。他訓練猴子按住一個槓桿觀看電腦螢幕，螢幕中央有個帶顏色的圓點。這個圓點的顏色會不停變化，從紅色到藍色，再到綠色，猴子需要在圓點變成藍色的瞬間放開槓桿才算正確。猴子每正確操作一次，螢幕下方的時間軸就會增加一點。當時間軸滿格後，猴子就能得到一杯果汁作為獎勵；如果猴子操作錯誤，進度條則不會增加。

猴子非常清楚時間軸與果汁的關係。一開始時間軸較短時，牠並不是很在意；但是當時間軸快要滿格時，猴子對時間軸的興趣會大大增加。牠會非常認真的操作槓桿，操作的正確率也會大大提升。猴子的心態之所以會發生這麼大的轉變，其根本原因是牠意識到時間軸馬上就要滿格，馬上就可以喝到果汁了。這種馬上就要得到的感覺，大大提升了猴子參與測試的積極度。時間軸快要滿格這樣的資訊，提升了猴子對果汁的可得性。這就是高可得性的資訊，對猴子的行為產生的影響。

高可得性對顧客確實存在欲罷不能的吸引力。前些年兒童程式設計的培訓十分熱門，但同時，家長們也對程式設計這種高深莫測的技術，產生了各種質疑：學它能做什麼？孩子們能學會那麼複雜的程式碼嗎？為了提升家長和孩子們對程式設計的認知和興趣，大部分培訓機構都推出了線下體驗課程。有一家培訓機構的體驗課程設計得非常有效，上過體驗課的孩子們對程式設計的興趣瞬間大增。他們是怎麼做到的？答案就是，在可得性上下功夫。

體驗課只有短短三十分鐘。老師會帶著孩子們完成一個小遊戲場景的程式設計。他們選擇的是孩子們經常玩、非常熟悉的小遊戲。首先，老師會引導孩子們添加一行遊戲背景程式碼。添加完成，一個背景就呈現在螢幕上了。孩子們還可以更換自己喜歡的背景。一行程式碼就讓孩子們知道了遊戲中背景是怎麼來的。第二行程式碼是導入一個角色，比如一個飛機。第三行程式碼是編寫小飛機的運動指令。僅僅用了三行程式碼，就呈現出了孩子們經常玩的小遊戲基本場景，孩子們就知道了螢幕上的物體是怎樣動起來的，怎樣被鍵盤操控。這讓孩子們瞬間感覺自己已經會程式設計了。

這樣的體驗課之所以效果好，能夠在短時間內提升孩子們對程式設計的興趣，是因為課程從多方面提升了孩子們的可得性。首先，他們用孩子們喜歡玩的小遊戲作為切入點，將高深莫測的程式設計技術與孩子們熟悉的、喜歡的遊戲場景連結了起來，給了孩子們滿滿的熟悉感和親近感。再者，用三行程式碼完成一個遊戲場景設計的做法，讓孩子們感覺程式設計很容易。這樣的操作提升了孩子們對程式設計的掌控感和駕馭感。最後，短時間內就可完成一個簡單場景的設計，讓孩子們有獲得感和成就感。

所以，這樣的體驗課能夠在短時間內提升孩子們對程式設計的興趣。面對顧客對回報的不確定，我們可以提升回報的可得性來驅動其消費行為。高可得性會打破顧客的不確定感，驅動他們產生積極的行為。

04 融入不確定因素

我們知道大腦渴望固化連結，固化連結可以觸發模式化反應。但是，固化連結也很容易讓顧客失去興趣，因為一旦固化就沒有了可能。所以，一個品牌要想持續吸引顧客，就需要不斷的在確定的連結中導入不確定的因素。這樣才能大大提升品牌的活力和生命力，持續對顧客產生吸引力。

星巴克之所以能對顧客有持續的吸引力，其中一個原因就是它在保持核心品牌理念和產品品質不變的基礎上，不斷的推陳出新，在與顧客穩定的連結中導入新鮮感。星巴克時常會推出新品，以及各種咖啡；也會推出一些與眾不同的杯子，比如貓爪杯；還會根據不同的節日設計咖啡杯，以此來體現品牌的活力。正是這些隨機的連結在源源不斷的為品牌注入新鮮血液，提升顧客對品牌的新鮮感。

同樣的，奧利奧（Oreo）在保持經典品項不變的情況下，也會不斷推出一些新奇的口味，比如生日蛋糕、冰淇淋抹茶、白桃烏龍、櫻花抹茶等口味。這些新口味不一定能帶來多少銷量，但是比銷量更重要的是，它增加了奧利奧在顧客心中的連結，讓奧利奧既維持了經典形象，又有新鮮感。這就是在固化連結的基礎上，滿足顧客對個性化和新鮮感的需求，讓品牌對顧客持續有吸引力。除此以外，奧利奧還會積極引導粉絲創新吃法，比如奧利奧奶昔、奧利奧蛋糕、油炸奧利奧、奧利奧馬卡龍，甚至還有奧利奧燜飯等。確定的食材搭配不確定的吃法，這也是在主體連結不變的基礎上，為其注入新鮮元素，使品牌保持活力和生機。

小朋友們喜歡玩拼接玩具，是因為它不但可以拼出固定的造型，更加重要的是，他們可以利用這堆零件拼出各種不同的造型。這讓玩具有了不確定的玩法。正是這種確定中的不確定因素，在驅動著小朋友們玩拼接玩具。玩具中潛藏的各種可能性才是吸引小朋友的根本原因。

電商平臺一天到晚都在想盡辦法策劃行銷活動，這也是在為用戶製造隨機連結，讓他們意識到在這個不變的平臺，每天都有不同的促銷活動，製造著不同的可能。如果一個電商平臺不借助行銷和促銷活動，持續為顧客創造可能，它對顧客的吸引力就很有限。

一成不變的品牌、平臺就意味著缺乏可能性，它的宿命就是喪失對顧客的吸引力。只有不斷在固化的連結中導入不確定的成分，才能使其持續對顧客產生吸引力。多巴胺經濟驅動力的核心強調的是持續的可能。要想將多巴胺驅動導入品牌和平臺，就需要在固化的連結中不斷的導入隨機因素，在確定中不斷導入不確定因素，品牌和平臺才能持續為顧客輸出可能。這樣才能持續驅動他們的行為。信任感加新鮮感才等於吸引力。

我們要明白一點，在這個世界上唯一不變的事就是變化。大腦不斷的擁抱可能是最高效的生存機制，它是與時刻變化的世界高度匹配的機制。雖然，很多時候這種機制也會帶來一些煩惱，但它是我們能更好的活在世間的生存之道。所以，一成不變是一種反事實的狀態，最終會漸漸失去對大腦的吸引力。

05 命運掌握在自己手中

大腦連結的意志無論是建立連結、強化連結、固化連結，還是建立超級連結，其終極目標都是為了實現「自主連結」。自主連結是根據自我意願和需求進行自助連結。也就是說，自己想什麼時候連結，就什麼時候連結；想在什麼地方連結，就在什麼地方連結。自主連結是讓顧客感覺自己可以操控、影響連結的發生和結果。

我曾提出一個重要的理念，它在與顧客的互動中決定著他們的自主性，它就是「自主性變數」，也稱為「可控性變數」，是指顧客可以操控的因素。自主性變數有兩種，一種是顧客可以自主選擇和決策的可控變數；另一種是顧客自主創造和發現的可控變數。可控變數可以增加不確定中的可控因素，這會大大提升顧客的驅動力。顧客有了選擇，才會感覺這一切是有意義、有價值的，因為他們強化了自我的價值感和掌控感。記住，選擇是自我塑造和表達的管道，剝奪了顧客的選擇權，就等於剝奪了他們自我表達的權利，顧客就沒有自我強化的感覺。

我們先來看看，顧客可以自主選擇和決策的可控變數。很多購物平臺的數位行銷工具都有轉盤抽獎的活動，只要顧客點擊抽獎，轉盤就會自動旋轉，最後得出結果，這種行銷工具往往對顧客沒有什麼吸引力，這其中最重要的原因就是沒有導入讓顧客可控的變數。如果可以讓他們選擇順時針旋轉還是逆時針旋轉，就導入了自主可控的變數；如果讓他們選擇自動停止還是手動停止，就又一次導入了可控變數；如果讓他們選擇抽大一點的獎還是抽小一點的獎，就再次產生了一個可控變數。這些自主性選擇為顧客帶來了操控程式的感覺。這大大提升了用戶的自主性和能動性，讓顧客感覺到自己可以操控結果。

我們思考一個問題，為何抖音的播放系統，不是播放完一條自動播放下一條，而是讓使用者手動滑一下螢幕才能播放下一條？你思考過這個問題嗎？原因很簡單，就是為了提升他們的自主性和操控感。滑動螢幕的行為會為使用者帶來一種自己是「魔術師」的感覺，讓他們感受到看見的內容都是自己滑出來的，而不是系統設置好的。使用者滑動螢幕的行為看似簡單，卻讓他們有了操控結果的錯覺，覺得自己發揮了能動性，直接影響了結果。但事實是，內容本來就是系統設置好的，使用者滑動螢幕影片的行為，並沒有對內容產生直接的影響。

曾有一個護膚品牌推出一款產品，將瓶子一分為二，一邊裝粉末，一邊裝液體，將兩部分分開包裝，顧客可以根據自己的需求和膚色調配自己需要的護膚霜。這樣的設計在很大程度上滿足了顧客的個性化需求，最重要的是它為顧客提供了發揮自我能動性的空間。

接下來，我們來看什麼是顧客自我創造和發現的可控變數。它是指顧客為了對結果產生影響，自主創造和發現了一套自認為能改變結果的可控因素，特別是在一些不確定的局面中，人們更容易採取自主創造可控變數的方式，來提升對局面的掌控感。

美國行為心理學家史金納曾做過一個關於鴿子的實驗。他把饑餓的鴿子放入一個精心設計的箱子裡，無論鴿子做出什麼行為，都規律的餵食牠。一段時間後，他發現鴿子開始重複做一些動作。在食物出現之前，第一隻鴿子在箱子裡逆時針轉兩、三圈，第二隻鴿子將頭伸向箱子頂部的一個角落，第三隻鴿子則做了一個「舉」的動作。鴿子們學會了重複做食物出現之前牠們做過的動作。這就是在不確定的連結中，自主創造出了一套對連結可能產生影響的變數。大腦渴望用自我的意志，在無序的狀態中建立有序的連結。

在玩遊戲時，有的玩家在抽卡之前會用力的戳一戳手，有的玩家會向手裡吹口氣等，這樣的行為就是玩家自主創造的可控變數。他們認為這樣的行為能影響抽卡的結果。有些人在買彩券時，更願意自己選擇數字，而不是隨機選號。這些行為也是在透過自我的積極行為，來創造連結的自主變數。這樣做，顧客會認為自己選的號碼更容易中獎。

逛超市時，我們會看到一個現象：生鮮區的顧客都會挑挑揀揀，好一會兒才離開。比如，堆滿柳丁的貨架前，買柳丁的顧客都會認真端詳手中的柳丁。有的柳丁會放進自己的袋子，有的會放回貨架。如果你是個新手，不免會詫異他們選擇的標準是什麼。如果這時你旁邊正好有個熱心的阿姨，她會一邊選一邊和你分享：「選這種底部有坑的，比較甜；選這種表面光滑的，長得圓潤的，水分足……」而且你還會發現，一堆柳丁用不了多久就會被挑選得所剩無幾。最關鍵的是，好像每位顧客都選到了自己想要的柳丁。這是因為每位顧客的大腦中，都有一套自主創造的選擇標準。有人認為表面粗糙的好吃，有人認為圓一點兒的好吃等。這些顧客選擇柳丁的標準，就是顧客自主創造的可控變數。顧客採用這種自主創造的可控變數去挑選柳丁，會提升他們對所選柳丁的滿意度。這就是一堆形色各異的柳丁賣完了，而且每個顧客都選到了自己滿意的柳丁的根本原因。

設計自主性變數的目的，是借助顧客的決策和行為過程來打造顧客的可控因素。這樣的可控因素會大大提升顧客的掌控感、駕馭感、自主感，從而達到自我強化的目的。

06

我們為什麼對抖音欲罷不能？

不確定的連結對人們最大的吸引力，來自「資訊流態化」。什麼是資訊流態化？那就是將資訊導入一個連續、不確定的動態中。這其中有三個關鍵字：連續、不確定、動態。當互動的資訊和物件具備這三個特性時，資訊創造的可能就是可持續的。

流態化是在強調連續性和持續性，一環套一環，像流動的水一樣源源不斷。例如，雲霄飛車之所以刺激，就是因為它的設計中導入了互動流態化。遊戲開始的瞬間我們就進入了一個連續的、不確定的動態中——忽高忽低，忽快忽慢，忽上忽下，持續向前。它是快速流動的，不斷的為我們開啟可能，將我們導入可能。我們永遠不知道接下來會發生什麼，只是持續的接受一個個可能。這種持續動態的主觀視角也叫做「多巴胺視角」。多巴胺視角讓各種可能像洪水一樣灌進顧客的大腦，讓顧客只有一個選擇——接招。生活中讓大腦充滿刺激的事物，大部分都導入了多巴胺視角，比如遊戲、開車、溜滑梯、VR（Virtual reality，虛擬實境）眼鏡等。

我們為什麼對抖音欲罷不能，就是它將介面設計成了流態化的互動模式。我們滑動介面的行為就是在開啟可能——每滑一次，內容都不一樣。我們有可能看到想看的內容，也可能看到意料之外的作品。只要不停滑動螢幕，資訊就會不斷湧現，而且每條都充滿可能和不確定性。這就像體驗線上版的雲霄飛車。

如果用動態跟拍的方式拍攝影片，也會大大提升對觀眾的吸引力。跟拍的方式將觀眾導入了資訊互動的流態中，認為可能是持續發生的。比如，影片中的主角一開始就對著鏡頭做了一個「噓」的手勢，然後躡手躡腳的向前走。鏡頭跟隨主角拍攝。看到這樣的影片，大部分觀眾都會無法抗拒的看下去。這就是將資訊流態化的模式導入短影音後，提升了其對觀眾的吸引力。

玩遊戲之所以上癮，也都是因為互動流態化。遊戲一開始就將玩家導入一個流態化的互動模式中，隨著玩家步步深入，不確定的情景持續出現。這其中包括劇情、場景、角色、獎勵、視覺音效、裝備等，各種資訊和情景都是流態化的。再將這些資訊和情景交錯在一起創造出更加複雜的流態化。這讓各種不確定的可能性一下湧入用戶的大腦。

在這種情景下，玩家永遠不知道下一秒會有什麼獎勵、發生什麼、進入什麼場景等，玩家只有一種反應，就是手忙腳亂的應對正在發生事情。面對持續湧入大腦的流態化資訊，大腦會注意力高度集中的「接招」。這就是資訊流態化的魅力，它根本不給大腦休息的機會。

提升與顧客互動的流態化，是將多巴胺驅動發揮到極致的核心解決方案。因為只有持續的可能才能對顧客產生持續的吸引力，也才會有持續增長的空間。在未來的作品中，我將繼續深入和大家分享驅動商業持續增長的「多巴胺悖輪」的打造方法。多巴胺悖輪會讓品牌和產品真正具有多巴胺基因。

看完本書，我們必須意識到，多巴胺的控制點並不是單一應用，而是組合在一起使用。我們要學會舉一反三，讓這些控制點在你手中，真正發揮化腐朽為神奇的力量。

國家圖書館出版品預行編目（CIP）資料

賣我多巴胺就對了！：我們買多、買貴，不需要還是照買，都是因為多巴胺。廠商用哪些方法，讓你的錢消失但感到幸福？／程志良著. -- 初版. -- 臺北市：大是文化有限公司，2024.11
256 面；14.8 ×21 公分（Biz；471）
ISBN 978-626-7539-43-9（平裝）

1. CST：消費者行為　2. CST：消費心理學　3. CST：行銷心理學

496.34　113013542

Biz 471

賣我多巴胺就對了！

我們買多、買貴，不需要還是照買，都是因為多巴胺。
廠商用哪些方法，讓你的錢消失但感到幸福？

作　　者／程志良
責任編輯／陳家敏
校對編輯／宋方儀
副 主 編／蕭麗娟
副總編輯／顏惠君
總 編 輯／吳依瑋
發 行 人／徐仲秋
會 計 部｜主辦會計／許鳳雪、助理／李秀娟
版 權 部｜經理／郝麗珍、主任／劉宗德
行銷業務部｜業務經理／留婉茹、行銷企劃／黃于晴、專員／馬絮盈、助理／連玉、林祐豐
行銷、業務與網路書店總監／林裕安
總 經 理／陳絜吾

出 版 者／大是文化有限公司
臺北市 100 衡陽路 7 號 8 樓
編輯部電話：（02）23757911
購書相關諮詢請洽：（02）23757911 分機 122
24 小時讀者服務傳真：（02）23756999
讀者服務 E-mail：dscsms28@gmail.com
郵政劃撥帳號：19983366　戶名：大是文化有限公司

香港發行／豐達出版發行有限公司 Rich Publishing & Distribution Ltd
地址：香港柴灣永泰道 70 號柴灣工業城第 2 期 1805 室
Unit 1805, Ph.2, Chai Wan Ind City, 70 Wing Tai Rd, Chai Wan, Hong Kong
電話：21726513　傳真：21724355
E-mail：cary@subseasy.com.hk

封面設計／林雯瑛　內頁排版／王信中
印　　刷／鴻霖印刷傳媒股份有限公司
出版日期／ 2024 年 11 月　初版
定　　價／新臺幣 420 元（缺頁或裝訂錯誤的書，請寄回更換）
I S B N ／ 9786267539439
電子書 ISBN ／ 978626739408（PDF）
978626739392（EPUB）